面向21世纪教材

U0169380

Android Studio
移动开发教程

主　编　刘云玉　原晋鹏　罗　刚

副主编　郭顺超　张海均　郑添键

西南交通大学出版社

·成　都·

图书在版编目（CIP）数据

Android Studio 移动开发教程 / 刘云玉，原晋鹏，罗刚主编. —成都：西南交通大学出版社，2020.9
面向 21 世纪教材
ISBN 978-7-5643-7597-3

Ⅰ. ①A… Ⅱ. ①刘… ②原… ③罗… Ⅲ. ①移动终端－应用程序－程序设计－高等学校－教材 Ⅳ. ①TN929.53

中国版本图书馆 CIP 数据核字（2020）第 166829 号

面向 21 世纪教材
Android Studio Yidong Kaifa Jiaocheng
Android Studio 移动开发教程

主 编 刘云玉 原晋鹏 罗 刚

责任编辑 朱小燕
封面设计 原谋书装

出版发行 西南交通大学出版社
（四川省成都市金牛区二环路北一段 111 号
西南交通大学创新大厦 21 楼）
邮政编码 610031
发行部电话 028-87600564 028-87600533
网址 http://www.xnjdcbs.com
印刷 四川森林印务有限责任公司

成品尺寸 185 mm × 260 mm
印张 13
字数 282 千
版次 2020 年 9 月第 1 版
印次 2020 年 9 月第 1 次
定价 39.00 元
书号 ISBN 978-7-5643-7597-3

课件咨询电话：028-81435775
图书如有印装质量问题 本社负责退换

前言

本书从培养应用型、技能型人才角度出发，理论联系实践，系统地讲解了 Android 开发技术，使项目实训开发贯穿全书知识点。本书所讲内容符合当下的技术主流，并从实战的角度进行讲解，以便让想要学习 Android 编程的开发人员快速掌握 Android 开发技术。

本书详细介绍了基于 Android 开发的相关内容，主要内容包括 Android 简介、Activity、Android 应用界面、数据存储、进程与线程、服务组件、广播接收器、网络编程及主题和样式。全书内容由浅入深、实例生动、易学易用，可以满足不同层次读者的需求。本书适合作为普通高等院校计算机、软件以及相关专业高年级学生的程序设计教材，也适合作为软件开发人员和计算机爱好者的参考用书。

本书由黔南民族师范学院计算机与信息学院刘云玉、原晋鹏、罗刚担任主编，郭顺超、张海均、郑添键担任副主编。书中所有的实例代码均经过编者的实际运行。

本书在编写过程中参阅了相关书籍和网站内容，得到了许多同事的支持与帮助，在此一并表示感谢。

由于作者水平有限，书中难免有疏漏和不妥之处，诚恳希望广大读者不吝指正。

编者

2020 年 7 月

目录

第 1 章　Android 简介

学 习 目 标

（1）了解 Android 的发展历程。
（2）掌握 Android Studio 开发环境搭建。
（3）掌握虚拟机的创建。
（4）能动手开发一个 Android 程序。

1.1　Android 的发展简介

Android 是一个以 Linux 为基础的开源操作系统，主要应用于嵌入式设备。大家了解的 Android 可能仅仅局限于手机，其实 Android 应用的嵌入式设备种类很多，它涉及的领域也很多，如车载领域中的导航系统、医疗领域中的电子诊断设备、在智能监控领域的智能摄像头等，这些已经在各个领域中占有一定的市场。当然，现在很多家用的设备也有 Android 的身影，如 Android 系统的电视机、Android 系统的计算机等。

Android 系统最初是由 Andy Rubin 开发的，最早开发这个系统的目的是打造一个能与 PC（个人计算机）互动的智能相机网络，但后来智能手机市场逐渐繁荣，于是 Android 被改造成手机操作系统。2005 年，Android 被 Google（谷歌）收购。2007 年，Google 与 80 余家硬件制造厂商、软件开发厂商和电信运营厂商成立 OHA（开放手持设备联盟），共同改良 Android 系统。随后 Google 开放了 Android 的源代码，让各大生产厂商推出搭载 Android 系统的智能手机，再后来 Android 系统扩展到平板式计算机等领域。与此同时 Google 通过 Google Play 应用商店向用户提供应用程序和游戏的下载服务。截至目前，Android 系统已经成为全球最流行的智能手机操作系统之一。

Android 系统之所以这么流行，主要有以下特点：

（1）Android 操作系统几乎支持所有的网络制式，包括 GSM/EDGE（移动 2G 网络制式）、IDEN（集成数字增强型网络）、CDMA（码分多址）、BlueTooth（蓝牙）和 WiFi 等，这是任何一个手机操作系统都无法做到的。

（2）因为 Android 操作系统是在 Linux 基础上发展而来的，所以它更像一个计算机操作系统。它几乎可以做计算机能做的所有事，如 Android 原生系统就支持短信、邮件、网络访问、多语言功能、内置浏览器、支持 Java、支持多种媒体格式的图片和视频等。

（3）Android 操作系统支持的硬件种类繁多，如摄像头、电容电阻屏幕、GPS（全球定位系统）、加速器、陀螺仪、气压计、磁强计、体感控制器、游戏手柄、蓝牙设备、无线设备、感应和压力传感器等。

（4）Android 操作系统有强大的 Google 支撑，在原生的 Android 系统中会带有 Google 提供的各项服务，如 Google 地图服务、Google 读书服务和 Google 语音服务等。这就相当于 Android 已经有了很强大的服务团队。

1.2 Android 系统架构

Android 系统是基于 Linux 系统发展而来的，使用的开发语言涉及两种：底层采用 C/C++来进行开发；上层应用采用 Java 语言来开发。Android 系统的主要组成部分如图 1.1 所示。

图 1.1 Android 系统架构

从图 1.1 中可以看到，Android 系统共分为五个层次，由下至上分别为 Linux Kernel、Android Runtime、Libraries、Application Framework 和 Applications。它由一种被叫作“软件层叠结构”的方式进行构建，这种方式使得 Android 的各个层次之间相互分离，每个层次的分工明确，但是彼此都相互独立便降低了耦合性。下面分别介绍这五个部分的功能。

1. Linux Kernel 层

Android 基于 Linux 2.6 提供核心系统服务，如安全、内存管理、进程管理、网络堆栈和驱动模型。Linux Kernel 也作为硬件和软件之间的抽象层，它隐藏具体硬件细节而为上层提供统一的服务。由于它的开发偏向于底层硬件，所以主要的开发语言为 C/C++。

2. Android Runtime 层

Android 包含一个核心库的集合，提供大部分在 Java 编程语言核心类库中可用的功能。每一个 Android 应用程序是 Dalvik 虚拟机中的实例，运行在它们自己的进程中。Dalvik 虚拟机被设计成在一个设备中可以高效地运行多个虚拟系统。Dalvik 虚拟机可执行文件的格式是.dex。.dex 格式是专为 Dalvik 设计的一种压缩格式，适合内存和处理器速度有限的系统。

大多数虚拟机包括 JVM（Java 虚拟机），都是基于栈的，而 Dalvik 虚拟机则是基于寄存器的。两种架构各有优劣，一般而言，基于栈的机器需要更多指令，而基于寄存器的机器指令更大。dx 是一套工具，可以将 Java.class 转换成.dex 格式。一个 dex 文件通常会有多个.class。由于.dex 文件有时必须进行最佳化，会使文件大小增加 1 ~ 4 倍，并以 odex 结尾。Dalvik 虚拟机依赖于 Linux 内核提供的基本功能，如线程和底层内存管理。

3. Libraries 层

Android 包含一个 C/C++库的集合，供 Android 系统的各个组件使用。这些功能通过 Android 的应用程序框架（Application Framework）提供给开发者。下面列出一些核心库：

（1）系统 C 库——标准 C 系统库（libc）的 BSD 衍生，调整为基于嵌入式 Linux 设备。

（2）媒体库——基于 PacketVideo 的 OpenCore。这些库支持播放和录制许多流行的音频和视频格式以及静态图像文件，包括 MPEG-4、H.264、MP3、AAC、AMR、JPG 和 PNG。

（3）界面管理——管理访问显示子系统和无缝组合多个应用程序的二维和三维图形层。

（4）LibWebCore——新式的 Web 浏览器引擎，驱动 Android 浏览器和内嵌的 Web 视图。

（5）SGL——基本的 2D 图形引擎。

（6）3D 库——基于 OpenGL ES 1.0 APIs 的实现，库使用硬件 3D 加速或包含高度优化的 3D 软件光栅。

（7）FreeType——位图和矢量字体渲染。

（8）SQLite——所有应用程序都可以使用的强大而轻量级的关系数据库引擎。

4. Application Framework 层

通过提供开放的开发平台，Android 使开发者能够编制极其丰富和新颖的应用程序。开发者可以自由地利用设备硬件优势，访问位置信息，运行后台服务，设置闹钟，向状态栏添加通知等。

开发者可以完全使用核心应用程序所使用的框架 API。应用程序的体系结构旨在简化组件的重用，任何应用程序都能发布它的功能且任何其他应用程序可以使用这些功能（需要服从框架执行的安全限制）。这一机制允许用户替换组件。

所有的应用程序其实是一组服务和系统，包括：

（1）视图（View）——丰富的、可扩展的视图集合，可用于构建一个应用程序，包括列表、网格、文本框和按钮，甚至是内嵌的网页浏览器。

（2）内容提供者（Content Providers）——使应用程序能访问其他应用程序（如通信录）的数据，或共享自己的数据。

（3）资源管理器（Resource Manager）——提供访问非代码资源，如本地化字符串、图形和布局文件。

（4）通知管理器（Notification Manager）——使所有的应用程序能够在状态栏显示自定义警告。

（5）活动管理器（Activity Manager）——管理应用程序生命周期，提供通用的导航回退功能。

5. Applications 层

Android 包括一个核心应用程序集合，包括电子邮件客户端、SMS 程序、日历、地图、浏览器、联系人和其他设置。所有应用程序都是用 Java 编程语言编写的。

1.3　Android 版本简介

安卓 1.0：2008 年发布。

安卓 1.5（纸杯蛋糕）：2009 年 4 月发布。

安卓 1.6（甜甜圈）：2009 年 9 月发布，从安卓 1.0 到安卓 1.6 期间，受到诺基亚塞班系统和微软 W M 系统的影响，这时的安卓系统图标充满了各种 3D 元素，但从安卓 1.6 之后，谷歌对系统 UI 进行了大规模调整。

安卓 2.1（松饼）：2010 年 1 月发布，从安卓 1.6 到安卓 2.1 可以看到，系统 UI 界面更加偏向于扁平化设计，没有安卓 1.6 之前那种鼓鼓的感觉，此时安卓迎来了历史上第一个高峰，像 HTC Hero、HTC Legend、HTC Desire 这样经典的机型就是在那段时期发布的。而且安卓 2.1 的很多操作逻辑一直被沿用到了现在。

安卓 2.2（冻酸奶）：2010 年 5 月发布。

安卓 2.3（姜饼）：2011 年 1 月发布。

安卓 3.0（蜂巢）：2011 年 2 月发布，是一款专用于平板式计算机的操作系统，具有许多新特性。

安卓 4.0（冰激凌三明治）：2011 年 10 月发布。

安卓 4.4（奇巧）：2013 年 9 月发布，从安卓 4.0 到安卓 4.4，安卓系统采用了很多简洁、锋利的白条设计，图标更加倾向扁平化设计。

安卓 5.0（棒棒糖）：2014 年 6 月发布，从安卓 5.0 开始，图标设计更加倾向于“立体扁平化”设计，并且安卓 5.0 的很多操作逻辑一直被沿用到安卓 8.0。

安卓 6.0.（棉花糖）：2015 年 10 月发布。

安卓 7.0（牛轧糖）：2016 年 8 月发布，从安卓 7.1 开始，消息通知栏样式更加简洁，图标的变化不是很大。

安卓 8.0（奥利奥）：2017 年 8 月发布，安卓 8.0 的设计比 7.1 更加简洁，而且下拉工具栏的图标可以自定义更换颜色。

安卓 9.0（派）：2018 年 8 月发布，此系统最大的特点就是引入了对全面屏的全面支持、通知栏的多种通知、多摄像头的更多画面、GPS 定位之外的 WiFi 定位等功能。

安卓 10.0：2019 年 9 月发布。

1.4 Android 开发环境搭建

1. 下载安装 JDK

（1）打开下载地址 http://www.oracle.com/technetwork/java/javase/downloads/jdk7-downloads-1880260.html，Windows 系统如果是 32 位操作系统，则下载 Windows x86；如果是 64 位操作系统，则下载 Windows x64，如图 1.2 所示。

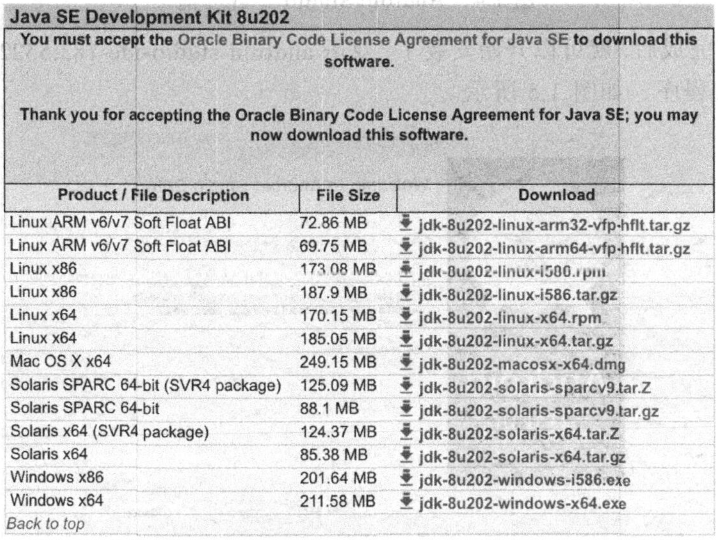

Java SE Development Kit 8u202

You must accept the Oracle Binary Code License Agreement for Java SE to download this software.

Thank you for accepting the Oracle Binary Code License Agreement for Java SE; you may now download this software.

Product / File Description	File Size	Download
Linux ARM v6/v7 Soft Float ABI	72.86 MB	jdk-8u202-linux-arm32-vfp-hflt.tar.gz
Linux ARM v6/v7 Soft Float ABI	69.75 MB	jdk-8u202-linux-arm64-vfp-hflt.tar.gz
Linux x86	173.08 MB	jdk-8u202-linux-i586.rpm
Linux x86	187.9 MB	jdk-8u202-linux-i586.tar.gz
Linux x64	170.15 MB	jdk-8u202-linux-x64.rpm
Linux x64	185.05 MB	jdk-8u202-linux-x64.tar.gz
Mac OS X x64	249.15 MB	jdk-8u202-macosx-x64.dmg
Solaris SPARC 64-bit (SVR4 package)	125.09 MB	jdk-8u202-solaris-sparcv9.tar.Z
Solaris SPARC 64-bit	88.1 MB	jdk-8u202-solaris-sparcv9.tar.gz
Solaris x64 (SVR4 package)	124.37 MB	jdk-8u202-solaris-x64.tar.Z
Solaris x64	85.38 MB	jdk-8u202-solaris-x64.tar.gz
Windows x86	201.64 MB	jdk-8u202-windows-i586.exe
Windows x64	211.58 MB	jdk-8u202-windows-x64.exe

Back to top

图 1.2　JDK 下载界面

（2）下载到本地计算机后双击文件进行安装。JDK 的安装过程比较简单，安装过程基本上就是点击“Next”即可，最后单击“Finish”。JDK 默认安装成功后，会在系统目录下出现两个文件夹，一个是 jdk，另一个是 jre，如图 1.3 所示。

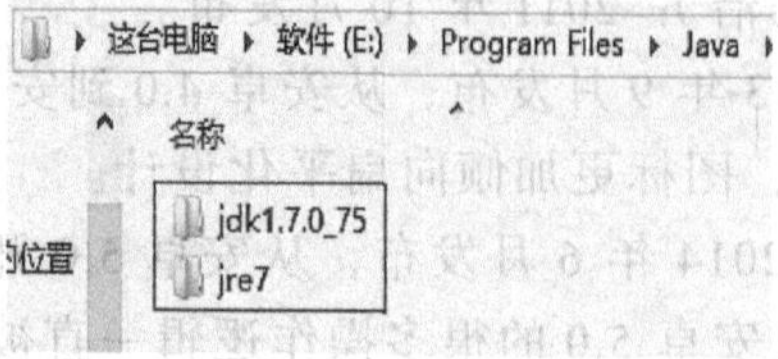

图 1.3　JDK 安装成功后的目录

2. 下载 Android Studio

（1）打开下载地址 https://developer.android.google.cn/studio，如图 1.4 所示，如果 Windows 系统是 64 位操作系统，则选择 android-studio-ide-183.5522156-windows.exe；如果 Windows 系统是 32 位操作系统，则选择 android-studio-ide-183.5522156-window32.zip。

Platform	Android Studio package	Size
Windows (64-bit)	android-studio-ide-183.5522156-windows.exe Recommended	971 MB
	android-studio-ide-183.5522156-windows.zip No .exe installer	1035 MB
Windows (32-bit)	android-studio-ide-183.5522156-windows32.zip No .exe installer	1035 MB
Mac (64-bit)	android-studio-ide-183.5522156-mac.dmg	1026 MB
Linux (64-bit)	android-studio-ide-183.5522156-linux.tar.gz	1037 MB

图 1.4　Android Studio 下载界面

（2）下载完成后，就可以开始安装了，双击 android-studio-ide-183.5522156-windows.exe 启动安装程序，如图 1.5 所示。

图 1.5　Android Studio 启动安装程序

（3）为了创建 Android 模拟器，这里将“Android Virtual Device”勾选上，然后点击“Next”，如图 1.6 所示。自定义安装目录为 D:\Android\Android Studio，如图 1.7 所示。

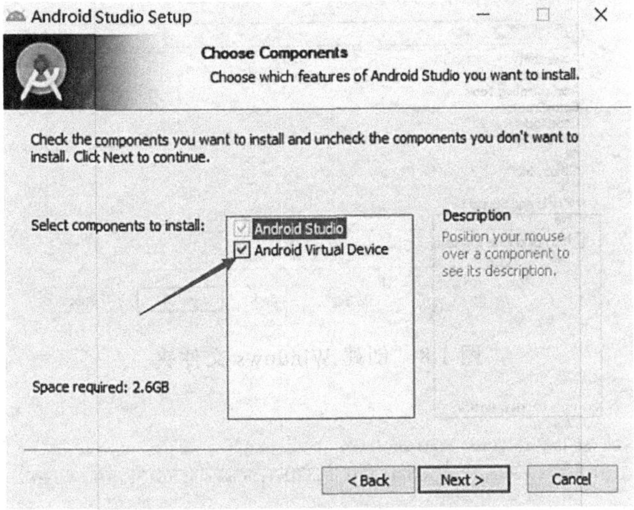

图 1.6　勾选 Android Virtual Device

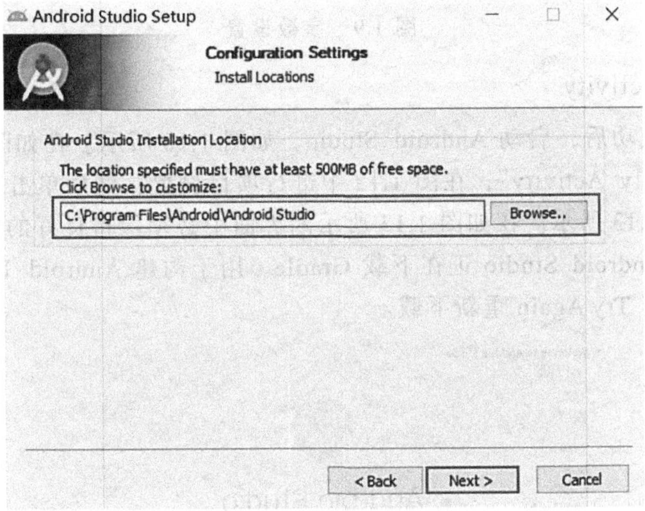

图 1.7　设置 Android Studio 安装目录

（4）图 1.8 所示为选择是否创建开始文件夹到 Windows 开始菜单，然后点击“Install”。接着会出现如图 1.9 所示的界面，询问是否导入 Android Studio 的设置，由于是第一次安装，这里选择“Do not import settings”，单击“OK”，然后再单击“Next”，直到最后单击“Finish”。

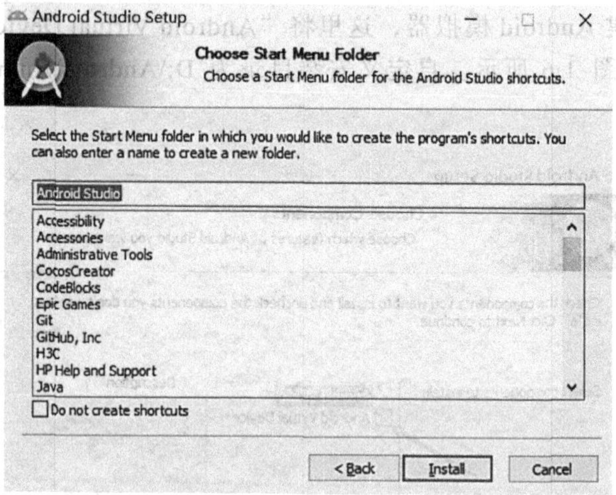

图 1.8　创建 Windows 文件夹

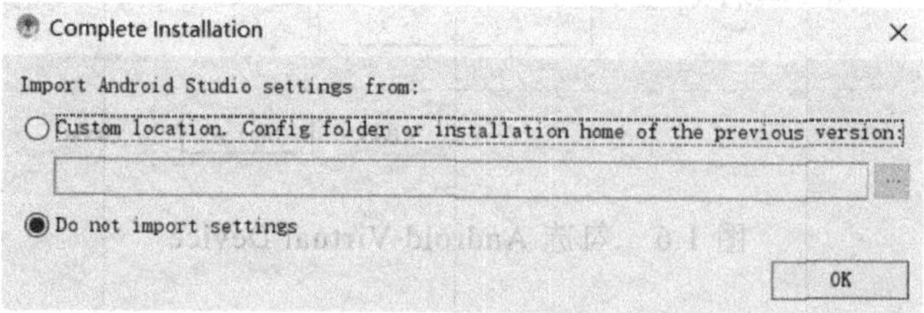

图 1.9　参数设置

3. 新建 Activity

（1）安装成功后，启动 Android Studio，如图 1.10 所示。在如图 1.11 所示的界面中选择“Empty Activity”，在图 1.12 中进行项目设置，然后单击“Finish”，进入主界面，如图 1.13 所示。在如图 1.13 所示的界面中必须保持良好的网络，点击进度条可以看到，Android Studio 正在下载 Gradle（用于构建 Android 工程），如果下载失败，可以点击 Try Again 重新下载。

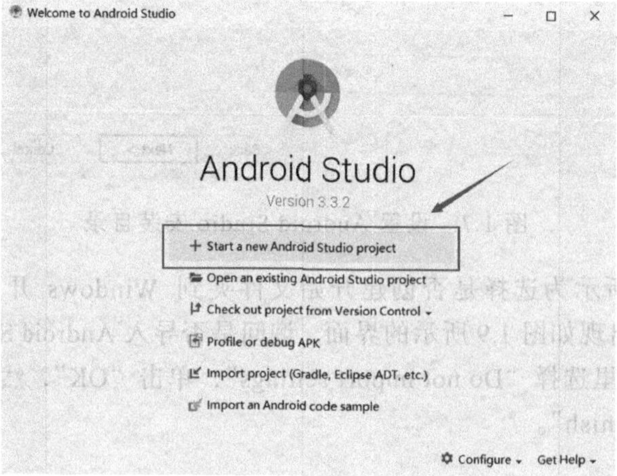

图 1.10　Android Studio 启动画面

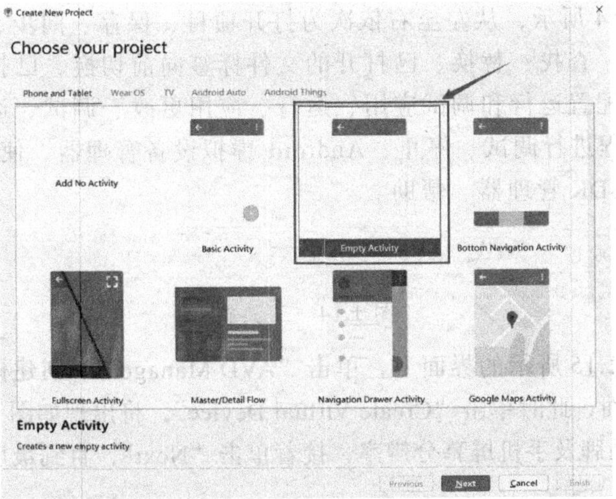

图 1.11　新建 Activity

图 1.12　项目设置

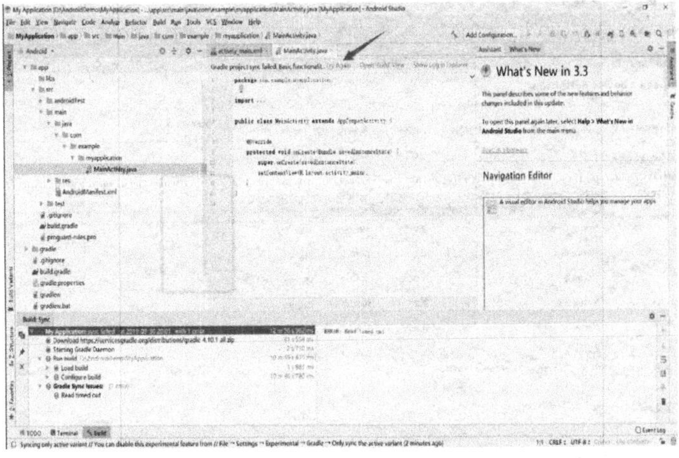

图 1.13　主界面

（2）如图 1.14 所示，从左至右依次为打开项目、保存、同步、撤销、重做、剪切、复制、粘贴、查找、替换、已打开的文件标签向前切换、已打开的文件标签向后切换、编译、配置运行和调试应用、运行、应用更改、调试、运行覆盖范围的应用程序、添加进程进行调试、停止、Android 虚拟设备管理器、使用 Gradle 同步项目、项目结构、SDK 管理器、帮助。

图 1.14　工具栏

（3）在如图 1.15 所示的界面上，单击“AVD Manager”，创建模拟器，将出现如图 1.16 所示的界面，此时单击“Create Virtual Device”，将出现如图 1.17 所示的界面，然后选择相应的品牌及手机屏幕分辨率，接着单击“Next”，直到最后单击“Finish”。

图 1.15　创建模拟器

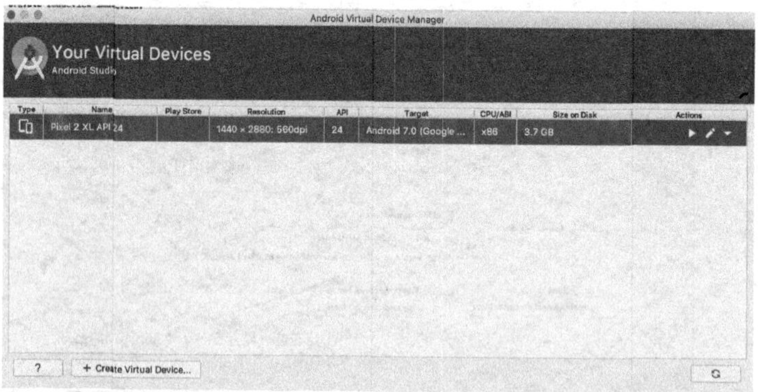

图 1.16　创建模拟器 1

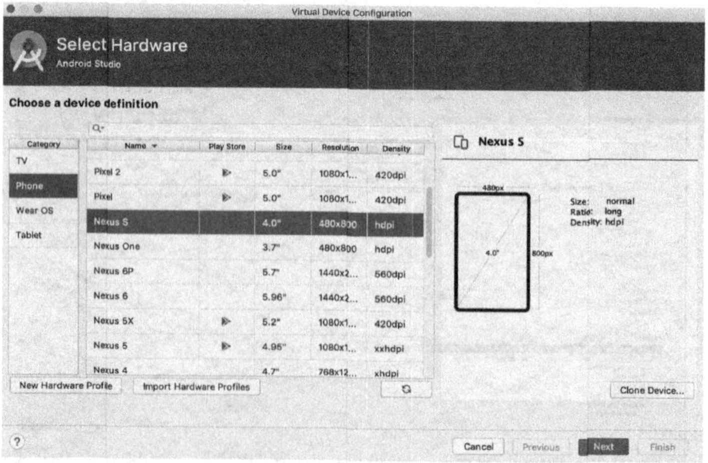

图 1.17　创建模拟器 2

（4）模拟器创建成功后，单击工具栏上的运行按钮 ▶，将出现如图 1.18 所示的界面。

图 1.18 运行项目

1.5 本章总结

本章首先介绍了 Android 的发展历程，然后介绍了 Android Studio 开发环境的搭建、虚拟机的创建，最后通过一个实例讲解了 Android 开发的具体步骤。

1.6 课后习题

（1）简述 Android 系统的特点。

（2）简述 Android 系统架构的层次划分，并说明各个层次的作用。

（3）创建一个基于平台的模拟器。

（4）编写一个 Android 程序并运行。

第 2 章　Activity

学习目标

（1）掌握如何创建和启动 Activity。
（2）掌握显式和隐式 Intent 的使用。
（3）掌握 Activity 中数据传递方式。
（4）掌握 Activity 的生命周期函数。

Activity 是一个程序组件，为用户提供一个用于任务交互的画面，如拨打电话、拍照、发邮件或者查看地图。每一个 Activity 都会被分配一个窗口，在这个窗口里，可以绘制用户交互的内容。这个窗口通常占满屏幕，但也有可能比屏幕小，并且浮在其他窗口的上面。

一个应用程序通常由多个 Activity 组成，它们彼此保持弱的绑定状态。典型的应用是当一个 Activity 在一个应用程序内被指定为主 Activity，那么当程序第一次启动时，它将第一个展现在用户面前。为了展现不同的内容，每一个 Activity 可以启动另外一个 Activity。每当一个新的 Activity 被启动，那么之前的 Activity 将被停止，系统将会把它压入一个栈（“Back Stack”即后退栈），当一个新的 Activity 启动，它将被放到栈顶并获得用户焦点。后台栈遵循后进先出的栈机制。所以，当用户完成当前页面并按下返回按钮时，它将被 pop 出栈（并销毁），之前的 Activity 将被恢复。当一个 Activity 因为另一个 Activity 的启动而被停止时就会调用生命周期中相应的回调方法。Activity 通过它自身状态的改变可以收到多个回调方法，当系统创建、停止、恢复、销毁它的时候，每个回调方法都会做出相应的处理工作。例如，当 Activity 停止时，Activity 应当释放比较大的对象，如网络连接、数据连接；当 Activity 恢复时，Activity 可以请求必需的资源并恢复一些被打断的动作。这些状态事务的处理就构成了 Activity 的生命周期。

接下来将介绍如何创建和使用 Activity，讨论 Activity 的生命周期是怎么工作的，这样就可以合理地管理 Activity 不同状态间的事务处理。

2.1　Activity 的创建

要创建一个 Activity，就必须创建一个 Activity 的子类。在 Activity 的子类里，需要实现系统调用的回调方法，这些方法用于 Activity 在生命周期中进行事务处理，如创建、停止、恢复和销毁。其中两个最重要的回调方法分别是 onCreate()和

onPause()。

1. onCreate()

它是必须要实现的方法，系统会在创建 Activity 时调用这个方法。需要注意的是，必须在这个方法里调用 setContentView()来定义 Activity 用于用户交互的布局。

2. onPause()

当用户离开 Activity 时，系统将会调用这个方法。在这个方法里面应该提交并保存任何更改的数据，因为用户可能不会再回到这个 Activity。系统在执行过程中还会用到一些其他的生命周期的回调方法，以便提供流畅的用户体验，以及处理可能导致 Activity 停止甚至被清理的意外中断。

实现一个用户交互界面：Activity 的用户接口由一些 View 的派生类组成的层级结构提供。每一个 View 控制 Activity 所在 Window 的一个特殊的矩形空间，并且可以响应用户的交互。例如，一个 View 可能是一个按钮，当用户单击的时候将产生相应的动作。Layouts 是一组继承了 ViewGroup 的布局。它们为子视图提供了唯一的布局模型，如线性布局、表格布局和相对布局。通常情况下可以继承 View 和 ViewGroup（或它们的子类）去创建自己的组件或布局，并用它们组成 Activity 布局。定义布局最常用的方式是使用 XML 布局文件，它保存在程序的资源中。这种方式可以保证业务逻辑代码和用户交互界面分开，通过 setContentView()传递布局文件的 ID 来设置程序 UI。当然，也可以在 Activity 中通过代码新建 View，并通过插入子 View 到 ViewGroup，然后把这些视图的根视图传入 setContentView()。详细的用户界面设置见第 3 章。

在配置文件中声明 Activity：为了可以访问 Activity，必须把它配置到配置文件中。首先打开配置文件，在<application>中增加一个<activity>元素，代码如下：

```
<manifest ... >
  <application ... >
      <activity android:name=".ExampleActivity" />
          ...
  </application ... >
  ...
</manifest >
```

可以给这个 activity 元素加入很多其他的属性，如名称、图标或者主题风格。android:name 属性是唯一用来指定 acitivity 名称的属性，一旦发布了程序，就不能改变它的名字，否则将破坏一些功能，如程序图标。

<activity>也可以用很多<intent-filter>来指定其他组件怎样激活它。当使用 Android SDK tools 来创建一个程序时，主 Activity 将会自动包含一个被分类为“launcher”的 intent filter，代码如下：

```
<activity android:name=".ExampleActivity" android:icon="@drawable/app_icon">
    <intent-filter>
```

```
            <action android:name="android.intent.action.MAIN" />
            <category android:name="android.intent.category.LAUNCHER" />
        </intent-filter>
    </activity>
```

<action>元素指定程序的入口。<category>指出该 activity 应该被列入系统的启动器（launcher）（允许用户启动它）。如果想要程序更加独立，并不想让其他程序访问它，那么就不必声明 intent filter，只有一个 activity 应该有“main”和“launcher”分类，例如上述例子。如果不想公开该 activity，则不需要包含任何 intent filter，但可以使用显示的 intent 来启动。然而，如果想要通过隐式的 intent 来访问 activity，就必须为 activity 定义额外的 intent filter。每一个需要响应的 intent 都必须包含一个<intent-filter>，并包含一个<action>元素，另外，可以包含一个<category>，也可以包含一个<data>元素。通过这些元素可以指定 intent 的类型。

2.2 Activity 的启动

在一个 Activity 中通过调用 startActivity()方法并传递 Intent 类型参数可以启动另外一个 Activity。Intent 指定了想要启动的目标 Activity，或者指定了要执行的动作（系统帮助选择来自其他程序的合适的 Activity），Intent 也可以携带少量的数据，用于启动 Acitivity。

在实际应用中，经常会通过创建一个 Intent 对象简单地启动一个已知的 Activity。这个 Intent 对象指定了要启动的 Activity 的类名。下面演示了如何启动一个叫 SecondActivity 的 Activity。

```
Intent intent = new Intent(this, SecondActivity.class);
startActivity(intent);
```

【例 2.1】新建一个名为 ActivityDemo 的工程，在 MainActivity 的布局文件 activity_main.xml 中删除“TextView”标签，新增一个按钮标签，单击按钮的时候打开 SecondActivity。项目的目录结构如图 2.1 所示。

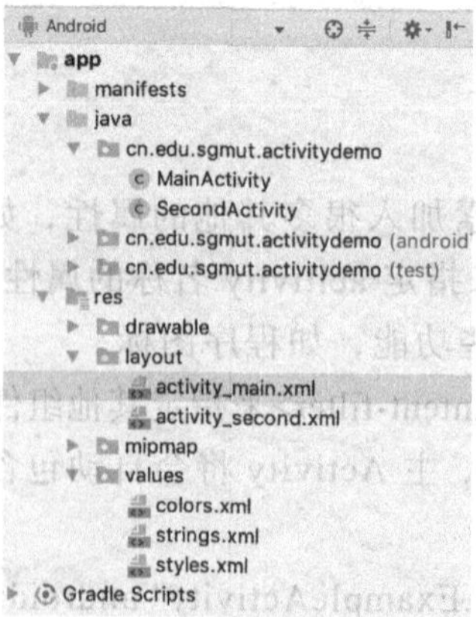

图 2.1　工程目录结构

（1）MainActivity 的布局文件内容如图 2.2 所示。图 2.2 中第 13 行的内容为 android:text="@string/openNewActivity"，其中，"openNewActivity"在 res/values 目录下的 strings.xml 文件中定义，如图 2.3 所示。

```
1  <?xml version="1.0" encoding="utf-8"?>
2  <android.support.constraint.ConstraintLayout xmlns:android="http://schemas.android.com/apk/res/android"
3      xmlns:app="http://schemas.android.com/apk/res-auto"
4      xmlns:tools="http://schemas.android.com/tools"
5      android:layout_width="match_parent"
6      android:layout_height="match_parent"
7      tools:context=".MainActivity">
8
9      <Button
10         android:layout_width="match_parent"
11         android:layout_height="wrap_content"
12         android:id="@+id/btn"
13         android:text="@string/openNewActivity"
14
15         />
16 </android.support.constraint.ConstraintLayout>
```

图 2.2　activity_main.xml

```
<resources>
    <string name="app_name">ActivityDemo</string>
    <string name="openNewActivity">打开新的Activity</string>
    <string name="info">第二个Activity</string>
</resources>
```

图 2.3　stirngs.xml 文件内容

（2）MainActivity 类的代码如下：

```
public class MainActivity extends AppCompatActivity {
    private Button btn;//定义按钮
    @Override
    protected void onCreate(Bundle savedInstanceState) {
        super.onCreate(savedInstanceState);
        //设置 MainActivity 的布局文件为 activity_main.xml 文件
        setContentView(R.layout.activity_main);
        //通过 ID 查找 activity_main.xml 布局文件中的 ID 为 btn 的按钮
        this.btn = this.findViewById(R.id.btn);
        //给按钮添加单击事件
        this.btn.setOnClickListener(new View.OnClickListener() {
            @Override
            public void onClick(View v) {
    //定义 Intent,第一个参数是当前上下文，第二个参数是要打开的 Activity 类
            Intent intent = new Intent(MainActivity.this,SecondActivity.class);
                //启动第二个 Activity
                startActivity(intent);
            }
        });
```

```
    }
}
```

（3）SecondActivity 的布局文件内容如图 2.4 所示。

```
<?xml version="1.0" encoding="utf-8"?>
<android.support.constraint.ConstraintLayout xmlns:android="http://schemas.android.com/apk/res/android"
    xmlns:app="http://schemas.android.com/apk/res-auto"
    xmlns:tools="http://schemas.android.com/tools"
    android:layout_width="match_parent"
    android:layout_height="match_parent"
    tools:context=".SecondActivity">

    <TextView
        android:layout_width="wrap_content"
        android:layout_height="wrap_content"
        android:text="@string/info"
        />

</android.support.constraint.ConstraintLayout>
```

图 2.4　SecondActivity 布局文件

（4）SecondActivity 类的代码如下：

```
public class SecondActivity extends AppCompatActivity {
    @Override
    protected void onCreate(Bundle savedInstanceState) {
        super.onCreate(savedInstanceState);
        setContentView(R.layout.activity_second);
    }
}
```

（5）单击工具栏的运行按钮，将出现如图 2.5 所示的 MainActivity 主界面，单击界面上的“打开新的 ACTIVITY”按钮，将出现如图 2.6 所示的界面。

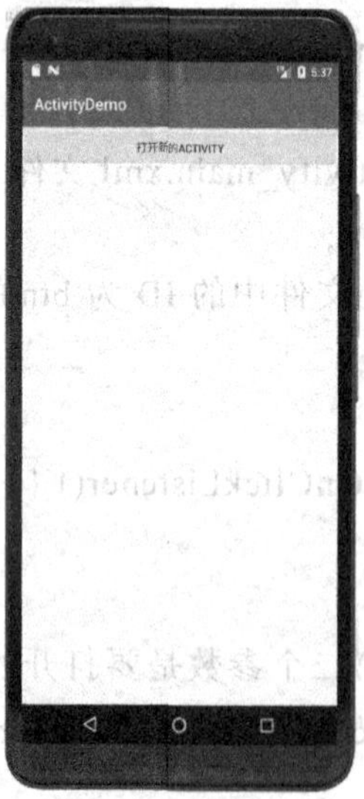

图 2.5　MainActivity 界面

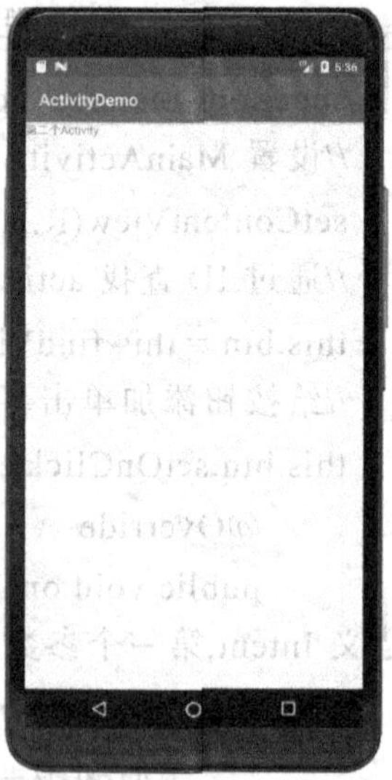

图 2.6　SecondActivity 界面

新建的 Activity 在配置文件中的声明可以通过打开 manifests/AndroidManifest.xml 文件查看，内容显示如下：

```xml
<?xml version="1.0" encoding="utf-8"?>
<manifest xmlns:android="http://schemas.android.com/apk/res/android"
    package="cn.edu.sgmut.activitydemo">
    <application
        android:allowBackup="true"
        android:icon="@mipmap/ic_launcher"
        android:label="@string/app_name"
        android:roundIcon="@mipmap/ic_launcher_round"
        android:supportsRtl="true"
        android:theme="@style/AppTheme">
        <activity android:name=".MainActivity">
            <intent-filter>
                <action android:name="android.intent.action.MAIN" />
                <category android:name="android.intent.category.LAUNCHER" />
            </intent-filter>
        </activity>
        <activity android:name=".SecondActivity" />
    </application>
</manifest>
```

如果程序可能想要展示某些动作（如发邮件、短信、微博，或者使用 Activity 中的数据），这时候应该调用系统中其他程序提供的响应功能。这正是 Intent 真正体现其价值的地方。此时应该先创建一个描述了响应动作的 Intent，然后挑选符合条件的程序。如果有多个选择，系统会提示用户进行选择。例如想让用户发送邮件，可以创建下面的 Intent：

```java
Intent intent = new Intent(Intent.ACTION_SEND);
intent.putExtra(Intent.EXTRA_EMAIL, recipientArray);
startActivity(intent);
```

EXTRA_EMAIL 是一个邮件 Intent 中添加的额外字符串数组，它指定了邮件该发给哪些邮件地址。当一个邮件程序响应了这个 Intent，它会读取这些地址，并把它们放置到邮件表单的被发送人栏。这时邮件程序被启动，当用户完成了发送操作，该 Activity 会被恢复。

2.3 Intent 和 Intent 过滤器

Intent 是一个消息传递对象，可以使用它从其他应用组件请求操作。尽管 Intent 可以通过多种方式促进组件之间的通信，但其基本用例主要包括以下三个：

1. 启动 Activity

Activity 表示应用中的一个屏幕。通过将 Intent 传递给 startActivity()，可以启动新的 Activity 实例。Intent 描述了要启动的 Activity，并携带了任何必要的参数。

如果希望在 Activity 完成后收到结果，应调用 startActivityForResult()。在 Activity 的 onActivityResult()回调函数中，Activity 将结果作为单独的 Intent 对象接收。

2. 启动服务

Service 是一个不使用用户界面而在后台执行操作的组件。通过将 Intent 传递给 startService()，可以启动服务执行一次性操作（如下载文件）。Intent 描述了要启动的服务，并携带了任何必要的参数。

如果服务旨在使用客户端-服务器接口，则可以通过将 Intent 传递给 bindService()，从其他组件绑定到此服务。

3. 传递广播

广播是指任何应用均可接收消息。系统将针对系统事件（如系统启动或设备开始充电时）传递各种广播。通过将 Intent 传递给 sendBroadcast()、sendOrderedBroadcast() 或 sendStickyBroadcast()，可以将广播传递给其他应用。

2.3.1 Intent 的类型

Intent 分为两种类型：显式 Intent 和隐式 Intent。

（1）显式 Intent：按名称（完全限定类名）指定要启动的组件。通常，在自己的应用中使用显式 Intent 来启动组件，这是因为要知道启动的 Activity 或服务的类名。例如，启动新 Activity 以响应用户操作，或者启动服务以在后台下载文件。

（2）隐式 Intent:不会指定特定的组件，而是声明要执行的常规操作，从而允许其他应用中的组件来处理它。例如，如需在地图上向用户显示位置，则可以使用隐式 Intent，请求另一个具有此功能的应用在地图上显示指定的位置。

创建显式 Intent 启动 Activity 或服务时，系统将立即启动 Intent 对象中指定的应用组件。

创建隐式 Intent 时，Android 系统通过将 Intent 的内容与在设备上其他应用的清单文件中声明的 Intent 过滤器进行比较，从而找到要启动的相应组件。如果 Intent 与 Intent 过滤器匹配，则系统将启动该组件，并向其传递 Intent 对象。如果多个 Intent 过滤器兼容，则系统会显示一个对话框，供用户选取要使用的应用。

图 2.7 描述了隐式 Intent 启动其他 Activity 的过程：

（1）Activity A 创建包含操作描述的 Intent，并将其传递给 startActivity()。

（2）Android 系统搜索所有应用中与 Intent 匹配的 Intent 过滤器。

（3）找到匹配项之后，Android 系统通过调用匹配 Activity（Activity B）的 onCreate() 方法并将其传递给 Intent，以此启动匹配 Activity。

提示：为了确保应用的安全性，启动 Service 时，应始终使用显式 Intent，且不要为服务声明 Intent 过滤器。使用隐式 Intent 启动服务存在安全隐患，因为无法确定哪些服务将响应 Intent，且用户无法看到哪些服务已启动。从 Android 5.0（API 级别 21）开始，如果使用隐式 Intent 调用 bindService()，系统会引发异常。

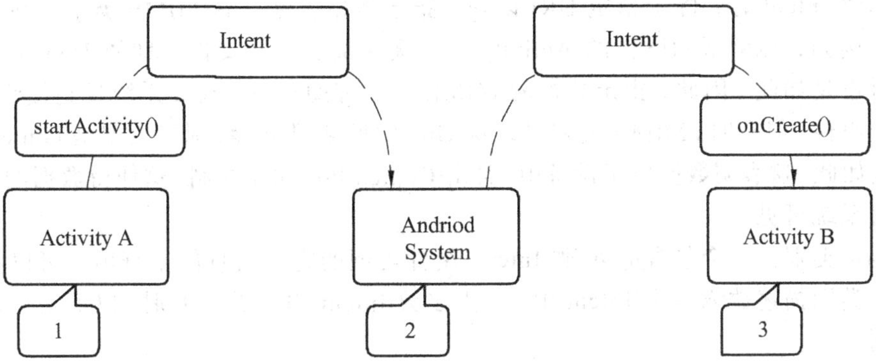

图 2.7　隐式 Intent 启动其他 Activity

2.3.2　构建 Intent

Intent 对象携带了 Android 系统用来确定要启动哪个组件的信息（例如，准确的组件名称或应当接收该 Intent 的组件类别），以及组件为了正确执行操作而使用的信息（例如，要采取的操作及要处理的数据）。

Intent 中包含的主要信息如下：

（1）组件名称：要启动的组件名称。这个是可选项，但也是构建显式 Intent 的一项重要信息，这意味着 Intent 应当仅传递给由组件名称定义的应用组件。如果没有组件名称，则 Intent 是隐式的，且系统将根据其他 Intent 信息（例如，后文所述的操作、数据和类别）决定哪个组件应当接收 Intent。因此，如需在应用中启动特定的组件，则应指定该组件的名称（例如，com.example.ExampleActivity）。

（2）操作：指定要执行的通用操作（例如，“查看”或“选取”）的字符串。

对于广播 Intent，这是指已发生且正在报告的操作。操作在很大程度上决定了其余 Intent 的构成，特别是数据和 Extra 中包含的内容。可以指定自己的操作，供 Intent 在自己的应用内使用（或者供其他应用在自己的应用中调用组件）。但是，通常应该使用由 Intent 类或其他框架类定义的操作常量。以下是一些用于启动 Activity 的常见操作：

ACTION_VIEW

如果拥有一些 Activity 可向用户显示的信息（例如，要使用图库应用查看的照片；或者要使用地图应用查看的地址），应使用 Intent 将此操作与 startActivity()结合使用。

ACTION_SEND

又称为“共享”Intent。如果拥有一些用户可通过其他应用（如电子邮件应用或社交共享应用）共享的数据，则应使用 Intent 将此操作与 startActivity()结合使用。

（3）数据：引用待操作数据和/或该数据 MIME 类型的 URI（Uri 对象）。提供的数据类型通常由 Intent 的操作决定。例如，如果操作是 ACTION_EDIT，则数据应包含待编辑文档的 URI。

创建 Intent 时，除了指定 URI 以外，指定数据类型（其 MIME 类型）往往也很重要。例如，能够显示图像的 Activity 可能无法播放音频文件，即便 URI 格式十分类似时也是如此。因此，指定数据的 MIME 类型有助于 Android 系统找到接收 Intent 的最佳组件。但有时，MIME 类型可以从 URI 中推断得出，特别当数据是 content:URI 时尤其如此。这表明数据位于设备中，且由 ContentProvider 控制，这使得数据的 MIME 类型对系统可见。

（4）类别：一个包含应处理 Intent 组件类型的附加信息的字符串。可以将任意数量的类别描述放入一个 Intent 中，但大多数 Intent 均不需要类别。以下是一些常见的类别：

CATEGORY_BROWSABLE：目标 Activity 允许本身通过网络浏览器启动，以显示链接引用的数据，如图像或电子邮件。

CATEGORY_LAUNCHER：该 Activity 是任务的初始 Activity，在系统的应用启动器中列出。

但是，Intent 也有可能会一些携带不影响其如何解析为应用组件的信息。

Intent 还可以提供：

（1）Extra：携带完成请求操作所需的附加信息的键值对。正如某些操作使用特定类型的数据 URI 一样，有些操作也使用特定的 Extra。可以使用各种 putExtra()方法添加 Extra 数据，每种方法均接受两个参数：键名和值。还可以创建一个包含所有 Extra 数据的 Bundle 对象，然后使用 putExtras()将 Bundle 插入 Intent 中。例如，使用 ACTION_SEND 创建用于发送电子邮件的 Intent 时，可以使用 EXTRA_EMAIL 键指定“目标”收件人，并使用 EXTRA_SUBJECT 键指定“主题”。

（2）标志：在 Intent 类中定义的、充当 Intent 元数据的标志。标志可以指示 Android 系统如何启动 Activity（例如，Activity 应属于哪个任务），以及启动之后如何处理（例如，它是否属于最近的 Activity 列表）。

2.3.3 显示 Intent 和隐式 Intent 示例

显式 Intent 是指用于启动某个特定应用组件（例如，应用中的某个特定 Activity 或服务）的 Intent。要创建显式 Intent，需要为 Intent 对象定义组件名称，Intent 的所有其他属性均为可选属性。例如，如果在应用中构建了一个名为 DownloadService、旨在从网页下载文件的服务，则可使用以下代码启动该服务：

```
//当前执行的 Activity 对象也称为 this 对象，因此 Context 就是当前对象
// fileUrl 是一个地址，例如："http://www.example.com/image.png"
Intent downloadIntent = new Intent(this, DownloadService.class);
```

```
downloadIntent.setData(Uri.parse(fileUrl));
startService(downloadIntent);
```

Intent(Context, Class)构造函数分别为应用和组件提供 Context 和 Class 对象。因此，此 Intent 将显式启动该应用中的 DownloadService 类。

隐式 Intent 指定能够在可以执行相应操作的设备上调用任何应用的操作。如果当前的应用无法执行该操作而其他应用可以，且希望用户选取要使用的应用，则应该使用隐式 Intent。例如，如果希望与他人共享内容，应使用 ACTION_SEND 操作创建 Intent，并添加指定共享内容的 Extra。使用该 Intent 调用 startActivity()时，用户可以选取共享内容所使用的应用。

```
Intent sendIntent = new Intent();
sendIntent.setAction(Intent.ACTION_SEND);
sendIntent.putExtra(Intent.EXTRA_TEXT, textMessage);
sendIntent.setType("text/plain");
//判断是否有 Activity 接收 sendIntent
if (sendIntent.resolveActivity(getPackageManager()) != null) {
      startActivity(sendIntent);
}
```

调用 startActivity()时，系统将检查已安装的所有应用，确定哪些应用能够处理这种 Intent（即含 ACTION_SEND 操作并携带“text/plain”数据的 Intent）。如果只有一个应用能够处理，则该应用将立即打开并为其提供 Intent。如果多个 Activity 接受 Intent，则系统将显示一个对话框，使用户能够选取要使用的应用。

注意：如果用户没有任何应用处理发送到 startActivity()的隐式 Intent，则调用将会失败，且应用会崩溃。要验证 Activity 是否会接收 Intent，应对 Intent 对象调用 resolveActivity()。如果结果为非空，则至少有一个应用能够处理该 Intent，且可以安全调用 startActivity()；如果结果为空，则不应使用该 Intent，如有可能，应立即停用发出该 Intent 的功能。

2.4 带返回结果的 Activity

有时可能需要从启动的 Activity 里返回一个结果。在这种情况下，需要通过调用 startActivityForResult()来启动一个 Activity，而不是 startActivity()。如果想要从被启动的 Activity 里接收到结果，应使用 onActivityResult()回调方法。当该 Activity 完成操作后，它会把一个包含结果的 Intent 返回到 onActivityResult()中。程序运行结果如图 2.8 所示。

【例 2.2】启动带返回结果的 Activity。

在 MainActivity 中传递两个整数到 ResultActivity，在 ResultActivity 获取两个整数参数然后进行求和，将求和的结果显示在 MainActivity 界面。

（1）新建工程 DemoActivityForResult，新建 MainActivity 继承自 AppCompatActivity，

在布局文件中添加一个按钮，按钮的文本显示为“打开带返回结果的 Activity”，并给按钮添加单击事件，在按钮下方添加一个文本视图，用于显示第二个 Activity 返回的结果。布局文件及程序如下：

//MainActivity 布局文件：

```
<?xml version="1.0" encoding="utf-8"?>
<android.support.constraint.ConstraintLayout xmlns:android="http:
//schemas.android.com/apk/res/android"
    xmlns:app="http://schemas.android.com/apk/res-auto"
    xmlns:tools="http://schemas.android.com/tools"
    android:layout_width="match_parent"
    android:layout_height="match_parent"
    tools:context=".MainActivity">
    <Button
        android:id="@+id/btnRes"
        android:layout_width="match_parent"
        android:layout_height="wrap_content"
        android:layout_marginTop="84dp"
        android:text="@string/openResultAct"
        app:layout_constraintEnd_toEndOf="parent"
        app:layout_constraintTop_toTopOf="parent" />
    <TextView
        android:id="@+id/tvResult"
        android:layout_width="wrap_content"
        android:layout_height="wrap_content"
        android:textSize="20dp"
        app:layout_constraintBottom_toBottomOf="parent"
        app:layout_constraintEnd_toEndOf="parent"
        app:layout_constraintStart_toStartOf="parent"
        app:layout_constraintTop_toTopOf="parent" />
</android.support.constraint.ConstraintLayout>
//MainActivity.java
public class MainActivity extends AppCompatActivity {
    private Button btn;//定义按钮
    private static final int REQUESTCODE = 1;
   //定义显示结果的文本视图
    private TextView tv ;
    @Override
    protected void onCreate(Bundle savedInstanceState) {
```

```
        super.onCreate(savedInstanceState);
        //设置 MainActivity 的布局文件为 activity_main.xml 文件
        setContentView(R.layout.activity_main);
        //通过 ID 查找 activity_main.xml 布局文件中的 ID 为 btn 的按钮
        this.btn = this.findViewById(R.id.btnRes);
        //给按钮添加单击事件
        this.btn.setOnClickListener(new View.OnClickListener() {
            @Override
            public void onClick(View v) {
              //定义 Intent，打开 ResultActivity
Intent intent = new Intent(MainActivity.this,ResultActivity.class);
              //定义 Bundle 用于将参数传递给 ResultActivity
                Bundle bundle = new Bundle();
                //定义第一个参数名称为 firstValue,值为 4
                bundle.putInt("firstValue",4);
                //定义第二个参数名称为 secondValue,值为 5
                bundle.putInt("secondValue",5);
                //通过 Intent 传递参数
                intent.putExtra("parameter",bundle);
                //通过 startActivityForResult 启动 ResultActivity
  //其中 REQUESTCODE 为请求码，必须是大于 0 的数，否则 onActivityResult
  //回调方法无法执行
                startActivityForResult(intent,REQUESTCODE,bundle);
            }
        });
        //通过 ID 查找布局文件中的 ID 为 tvResult 的文本视图
      this.tv = this.findViewById(R.id.tvResult);
    }
  //覆盖回调方法 onActivityResult 来获得 ResultActivity 返回后的结果
    @Override
    protected void onActivityResult(int requestCode, int resultCode, @Nullable
Intent data) {
        super.onActivityResult(requestCode, resultCode, data);
      //判断请求的 requestCode 是否等于 REQUESTCODE，并且响应码等于 2，
      //响应码为 ResultActivity 返回
        if(requestCode ==REQUESTCODE && resultCode == 2){
            //获取返回结果
            int result = data.getIntExtra("result",0);
```

```
            //结果显示在文本视图
            this.tv.setText("4+5="+result);
        }
    }
}
```

（2）新建一个 Empty 类型的 Activity，命名为 ResultActivity，布局文件中添加一个按钮，按钮的文本显示为“关闭”，并给按钮添加关闭当前 Activity 事件。ResultActivity 的布局文件及程序如下：

//ResultActivity 布局文件：

```
<?xml version="1.0" encoding="utf-8"?>
<android.support.constraint.ConstraintLayout
xmlns:android="http://schemas.android.com/apk/res/android"
    xmlns:app="http://schemas.android.com/apk/res-auto"
    xmlns:tools="http://schemas.android.com/tools"
    android:layout_width="match_parent"
    android:layout_height="match_parent"
    tools:context=".ResultActivity">
    <Button
        android:id="@+id/button2"
        android:layout_width="wrap_content"
        android:layout_height="wrap_content"
        android:layout_marginEnd="8dp"
        android:layout_marginStart="8dp"
        android:text="关闭"
        app:layout_constraintEnd_toEndOf="parent"
        app:layout_constraintStart_toStartOf="parent"
        tools:layout_editor_absoluteY="39dp" />
    </android.support.constraint.ConstraintLayout>
//ResultActivity.java
public class ResultActivity extends AppCompatActivity {
    public static final int RESULTCODE = 2;
    @Override
    protected void onCreate(Bundle savedInstanceState) {
        super.onCreate(savedInstanceState);
        setContentView(R.layout.activity_result);
        //获取上一个 Activity 传递过来的参数
        Bundle bundle = this.getIntent().getBundleExtra("parameter");
        //获取第一个参数
```

```
        int firstValue = bundle.getInt("firstValue");
        //获取第二个参数
        int secondValue = bundle.getInt("secondValue");
        //求和计算
        final int result = firstValue + secondValue;
        //获取界面上的按钮
        Button btnClose = this.findViewById(R.id.button2);
        //给按钮添加事件
        btnClose.setOnClickListener(new View.OnClickListener() {
            @Override
            public void onClick(View v) {
                Intent intent = new Intent();
                //将计算的结果配上键值装入 Extra 中供传递用
                intent.putExtra("result",result);
                setResult(RESULTCODE,intent);//设置 2 为结果码
                finish();//结束当前 Activity，返回上一个 Acaptivity
            }
        });
    }
}
```

图 2.8　启动带返回结果的 Activity

例 2.2 展示了使用 onActivityResult()来获取结果的基本方法。首先要判断请求是否被成功响应，通过判断 resultCode 是不是 2，然后判断这个响应是不是针对相应的请求，此时只要判断 requestCode 和发送时提供的第二个参数 startActivityForResult()是否相匹配。最后，查询 Intent 中数据信息获取响应的结果，最后将结果显示在界面上。在 ResultActivity 中通过调用 finish()来停止 Activity，也可以调用 finishActivity()来停止之前启动了的一个独立 Activity。

注意：调用 startActivityForResult()方法的第二个参数请求代码，不能为负数，否则 onActivityResult()无法执行。在大多数的情况下，不应该使用 finish()和 finishActivity()来显式地关闭一个 Activity。正如以下关于 Activity 生命周期的部分所述，Android 系统会替用户管理 activity 的生命周期，所以用户不需要关闭 Activity。调用这些方法可能会对预期的用户体验产生不利的影响，只有在不想让用户再返回到这个 Activity 的实例时才会用到它们。

2.5 Activity 的生命周期

通过实现回调方法来管理 Activity 的生命周期，对于开发一个健壮而又灵活的应用程序是至关重要的。与其他 Activity 的关联性、自身的任务和返回栈（Back Stack）直接影响着一个 Activity 的生命周期。每个 Activity 在其生命周期中最多可能会有三种状态。

（1）运行状态（Resumed）：Activity 在屏幕的前台并且拥有用户的焦点。这个状态有时也被叫作“Running”。

（2）暂停（Paused）：另一个 Activity 在前台并拥有焦点，但是当前 Activity 还是可见的。也就是说，另外一个 Activity 覆盖在当前 Activity 的上面，并且那个 Activity 是部分透明的或没有覆盖整个屏幕。一个 Paused 的 Activity 是完全存活的（Activity 对象仍然保留在内存里，它保持着所有的状态和成员信息，并且保持与 Window Manager 的连接），但在系统内存严重不足的情况下它可能会被清理掉。

（3）停止（Stopped）：当前 Activity 被其他的 Activity 完全遮挡住了（当前 Activity 目前在后台）。一个 Stopped 的 Activity 也仍然是存活的（Activity 对象仍然保留在内存中，它保持着所有的状态和成员信息，但是不再与 Window Manager 连接了）。但是，对于用户而言，它已经不再可见了，并且当其他地方需要内存时它将会被清理掉。

如果 Activity 被 Paused 或 Stopped 了，则系统可以从内存中删除它，通过请求 Finish[调用 finish()方法]或者直接清理它的进程。当这个 Activity 被再次启动时（在被 Finish 或者 Kill 后），系统会完全重新构建。图 2.9 所示为 Activity 在各个状态之间的变换。矩形代表可以实现的回调方法，用于 Activity 状态转换时执行相应操作。

Activity 的完整生存期会在 onCreate()调用和 onDestroy()调用之间发生。Activity 应该在 onCreate()方法里完成所有“global”（全局）状态的设置（如定义 layout），而在 onDestroy()方法里释放所有占用的资源。例如，如果 Activity 有一个后台运行的线程，用于从网络下载数据，那么应该在 onCreate()方法里创建这个线程并且在

onDestroy()方法里停止这个线程。

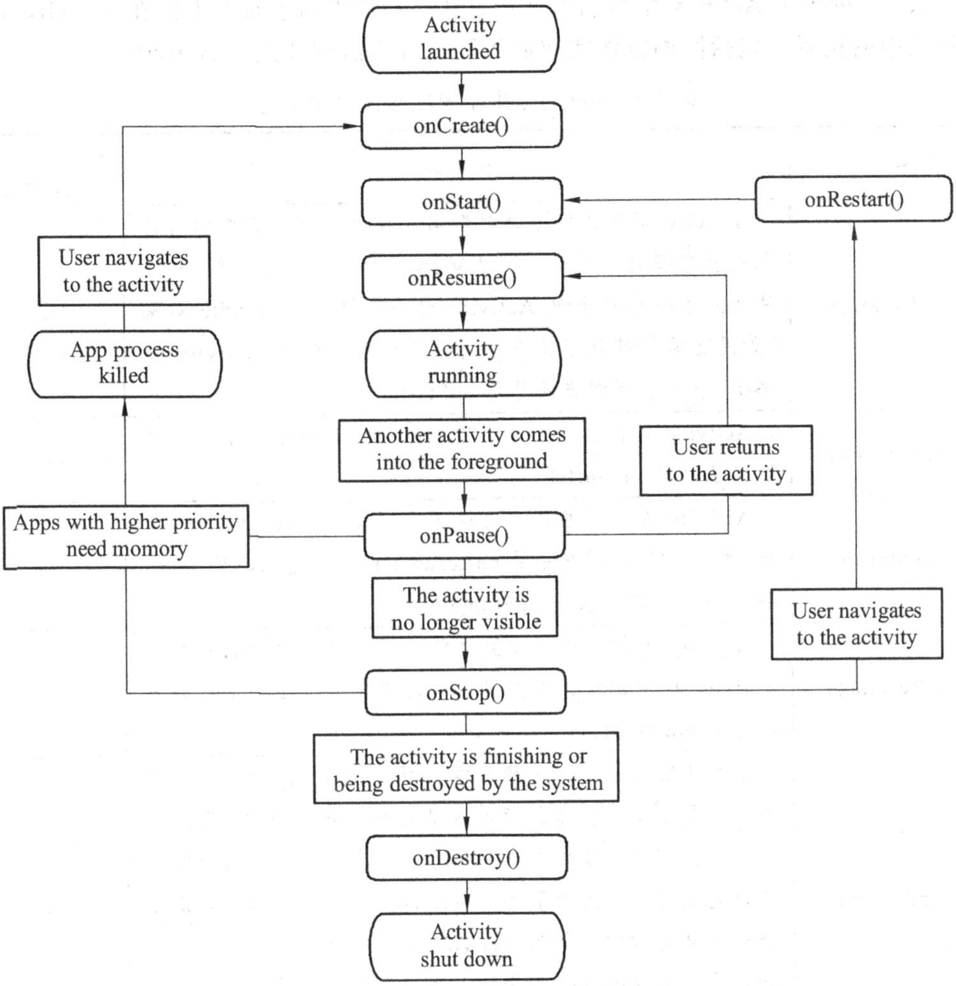

图 2.9　Activity 的生命周期

Activity 的可见生存期会在 onStart()调用和 onStop()调用之间发生。在这期间，用户可在屏幕上看见该 Activity 并可与之交互。例如，当一个新的 Activity 启动后调用了 onStop()方法，则这个 Activity 就无法被看见了。在这两个方法之间，可以管理那些显示 Activity 所需的资源。例如，可以在 onStart()方法里注册一个 BroadcastReceiver，用于监控影响用户界面的改动。并且当用户不再需要看到显示内容时，可以在 onStop()方法里将它注销掉。系统会在 Activity 的整个生存期内多次调用 onStart()和 onStop()，因为 Activity 可能会在显示和隐藏之间不断地来回切换。

Activity 的前台生存期会在 onResume()调用和 onPause()之间发生。在这期间，Activity 会位于屏幕上所有其他的 Activity 之前，并且拥有用户的输入焦点。Activity 可以频繁地进入和退出前台。例如，当设备进入休眠时或者弹出一个对话框时，onPause()就会被调用。因为这个状态可能会经常发生转换，为了避免切换迟缓引起的用户等待，这两个方法中的代码应该相当地轻量化。

表 2.1 列出了 Activity 生命周期回调方法，并且指明了每个方法在 Activity 全生命周期中的位置，包括回调方法完成后系统是否会清理掉这个 Activity。

表 2.1　Activity 生命周期回调方法汇总

回调方法	描　述	之后是否会被清理掉
onCreate()	Activity 第一次被创建时调用。在这里可以完成所有常见的静态设置工作——创建 View、绑定 List 数据等。本方法传入了一个包含该 Activity 前一个状态的 Bundle 对象（如果之前已捕获了状态，则详见后面保存的 Activity 状态）。下一个回调方法总是 onStart()	否
onRestart()	Activity 被停止后、又再次被启动之前调用。下一个回调方法总是 onStart()	否
onStart()	Activity 要显示给用户之前调用。如果 Activity 进入前台，则下一个回调方法是 onResume()；如果进入隐藏状态，则下一个回调方法是 onStop()	否
onResume()	Activity 开始与用户交互之前调用。这时 Activity 是在 Activity 栈的顶端，用户可以向其中输入。下一个回调方法总是 onPause()	否
onPause()	当系统准备启动另一个正在恢复的 Activity 时调用。这个方法通常用于把未保存的改动提交为永久数据、停止动画播放及其他可能消耗 CPU 的工作等。它应该能非常迅速地完成工作，因为下一个 Activity 在本方法返回前是不会被恢复运行的。如果 Activity 返回前台，则下一个回调方法是 onResume()；如果进入用户不可见状态，则下一个是 onStop()	是
onStop()	当 Activity 不再对用户可见时调用。原因可能是它即将被清理或者其他 Activity（已有或新建的）被恢复运行并要覆盖本 Activity。如果 Activity 还会回来与用户交互，则下一个回调方法是 onRestart()；如果 Activity 即将消失，则下一个回调方法是 onDestroy()	是
onDestroy()	在本 Activity 被销毁前调用。这是 Activity 收到的最后一个调用。可能是因为 Activity 完成了工作[在这里调用了 finish()]，也可能是因为系统为了腾出空间而临时清理掉 Activity 的本实例。可以利用 isFinishing()方法来区分这两种情况	是

“之后是否会被清理掉”一列指明了系统是否会在这个方法返回之后的任意时刻

清理掉这个 Activity 的宿主进程，而不再执行其他流程上的 Activity 代码。有三个方法在调用之后是会被清理掉的。onPause()就是三个方法中的第一个，一旦 Activity 被创建，onPause()就是进程在被清理之前最后一个能确保被调用的方法。如果系统在某种紧急情况下必须回收内存，则 onStop()和 onDestroy()可能就不会被调用了。因此，应该使用 onPause()来把至关重要的需长期保存的数据写入存储器（如用户所编辑的内容）。但是，应该对必须通过 onPause()方法进行保存的信息有所选择，因为该方法中所有的阻塞操作都会让切换到下一个 Activity 停滞，并使用户感觉到延迟。

“之后是否会被清理掉”一列中标为“否”的方法，在它们被调用时的那一刻起，就会保护本 Activity 的宿主进程不被杀掉。因此，只有在 onPause()方法返回时至 onResume()方法被调用之前，Activity 才会被清理掉。直到 onPause()再次被调用并返回时，Activity 都不会再次允许被清理掉。

为了更好地掌握 Activity 的生命周期中方法的执行过程，接下来将通过具体的例子来展现方法的执行顺序。

【例 2.3】Activity 的生命周期。

（1）新建 ActivityLifecycle 工程，在工程中的 res/layout/目录下新建 activity_main.xml 布局文件，里面有一个按钮，用来跳转到另外一个 Activity。布局代码如下：

```
<?xml version="1.0" encoding="utf-8"?>
<LinearLayout xmlns:android="http://schemas.android.com/apk/res/android"
    xmlns:app="http://schemas.android.com/apk/res-auto"
    xmlns:tools="http://schemas.android.com/tools"
    android:layout_width="match_parent"
    android:layout_height="match_parent"
    tools:context=".MainActivity">
    <Button
        android:id="@+id/btn"
        android:layout_width="match_parent"
        android:layout_height="wrap_content"
        android:text="打开第二个 Activity"
        />
</LinearLayout>
```

（2）分别新建名称为“MainActivity”和“SecondActivity”的 Activity，代码如下：

```
//MainActivity.java
public class MainActivity extends Activity {
    private Button btn;
    @Override
    protected void onCreate(Bundle savedInstanceState) {
        super.onCreate(savedInstanceState);
```

```
        setContentView(R.layout.activity_main);
        Log.i("Activity1","onCreate()");
        this.btn = this.findViewById(R.id.btn);
        this.btn.setOnClickListener(new View.OnClickListener() {
            @Override
            public void onClick(View v) {
                Intent intent = new Intent(MainActivity.this,SecondActivity.class);
                startActivity(intent);
            }
        });
    }

    @Override
    protected void onStart() {
        super.onStart();
        Log.i("Activity1","onStart()");
    }
    @Override
    protected void onRestart() {
        super.onRestart();
        Log.i("Activity1","onRestart()");
    }
    @Override
    protected void onResume() {
        super.onResume();
        Log.i("Activity1","onResume()");
    }

    @Override
    protected void onPause() {
        super.onPause();
        Log.i("Activity1","onPause()");
    }

    @Override
    protected void onStop() {
        super.onStop();
        Log.i("Activity1","onStop()");
```

```
    }

    @Override
    protected void onDestroy() {
        super.onDestroy();
        Log.i("Activity1","onDestroy()");
    }
}
```

第二个 Activity(SecondActivity)中的布局和程序代码如下：

```
<?xml version="1.0" encoding="utf-8"?>
<LinearLayout xmlns:android="http://schemas.android.com/apk/res/android"
    xmlns:app="http://schemas.android.com/apk/res-auto"
    xmlns:tools="http://schemas.android.com/tools"
    android:layout_width="match_parent"
    android:layout_height="match_parent"
    tools:context=".SecondActivity">
    <TextView
        android:text="第二个 Activity"
        android:textSize="24dp"
        android:layout_width="match_parent"
        android:layout_height="wrap_content" />
</LinearLayout>
```

SecondActivity.java 的代码和 MainActivity.java 代码类似，只是做了以下两部分修改。

① 在 onCreate 方法中代码进行了以下修改：

```
@Override
protected void onCreate(Bundle savedInstanceState) {
    super.onCreate(savedInstanceState);
    setContentView(R.layout.activity_second);
    Log.i("Activity2","onCreate()");
}
```

② 在生命周期函数中的日志打印与 MainActivity.java 类似，将对应周期函数的第一个参数修改为“Activity2”，例如，在 onStart 方法中的日志打印为：

```
Log.i("Activity2","onStart()");
```

编写好 MainActivity 和 SecondActivity 之后，在项目的 manifests/AndroidManifest.xml 文件中创建注册好 Activity，其代码如下：

```
<activity android:name=".MainActivity">
    <intent-filter>
```

```
            <action android:name="android.intent.action.MAIN" />
            <category android:name="android.intent.category.LAUNCHER" />
        </intent-filter>
    </activity>
        <activity android:name=".SecondActivity"></activity>
```

提示：使用 Android Studio 新建 Activity 后，将自动在 AndroidManifest.xml 文件中注册。

以上步骤完成后，单机“运行”，运行后的界面如图 2.10 所示。

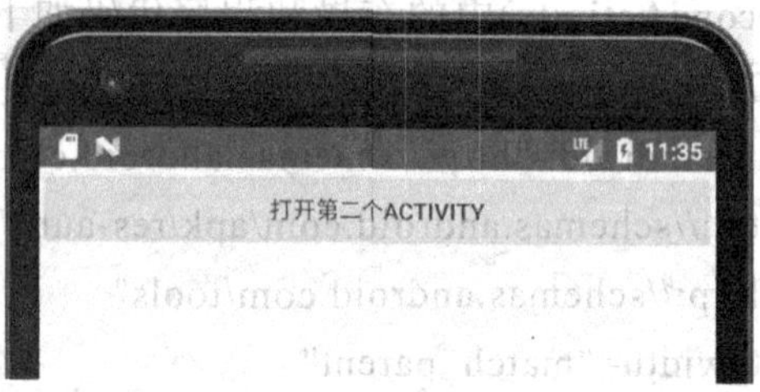

图 2.10　Activity1 运行后的界面

使用 Android Studio 的 LogCat 查看日志信息，在 Log 窗口打印的 MainActivity 生命周期的执行顺序如图 2.11 所示。

```
03-27 11:33:22.614 11665-11665/cn.edu.sgmut.activitylifecycle I/Activity1: onCreate()
03-27 11:33:22.656 11665-11665/cn.edu.sgmut.activitylifecycle I/Activity1: onStart()
03-27 11:33:22.662 11665-11665/cn.edu.sgmut.activitylifecycle I/Activity1: onResume()
```

图 2.11　MainActivity 的生命周期

从图 2.11 中可以看出，启动 MainActivity 后依次执行了 onCreate()、onStart()、onResume()方法，这是 MainActivity 从创建到展现的执行过程。

接下来单击图 2.10 中的“打开第二个 ACTIVITY”按钮，跳转到 SecondActivity，将出现如图 2.12 所示的界面。与此同时，LogCat 打印的日志信息如图 2.13 所示。

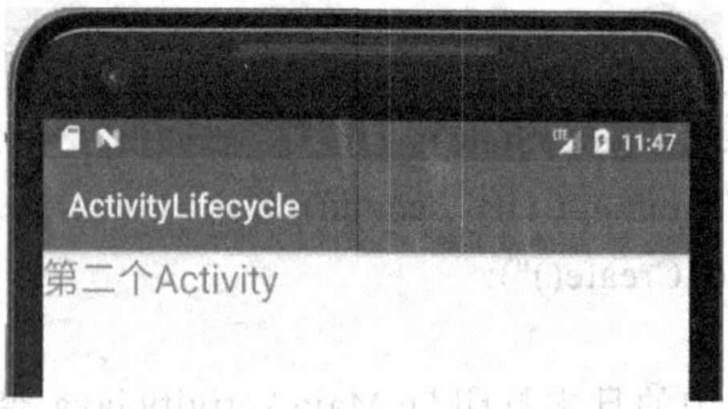

图 2.12　SecondActivity 界面

```
03-27 11:43:13.745 11665-11665/cn.edu.sgmut.activitylifecycle I/Activity1: onPause()
03-27 11:43:15.034 11665-11665/cn.edu.sgmut.activitylifecycle I/Activity2: onCreate()
03-27 11:43:15.044 11665-11665/cn.edu.sgmut.activitylifecycle I/Activity2: onStart()
03-27 11:43:15.055 11665-11665/cn.edu.sgmut.activitylifecycle I/Activity2: onResume()
03-27 11:43:16.156 11665-11665/cn.edu.sgmut.activitylifecycle I/Activity1: onStop()
```

图 2.13　MainActivity 跳转到 SecondActivity 的生命周期

从图 2.13 中可以看出，当打开 SecondActivity 时，MainActivity 首先执行 onPause()函数，然后执行 SecondActivity 的 onCreate()、onStart()、onResume()函数；当 MainActivity 界面完全看不到时，则执行 MainActivity 的 onStop()函数。

当点击“返回”按钮时，执行 SecondActivity 的 onPause()函数，由于 MainActivity 还没有被系统清理，所以紧接着执行 MainActivity 的 onRestart()、onStart()和 onResume()函数；当 MainActivity 界面重新展现在前端时，则执行 SecondActivity 的 onStop()函数，最后执行 onDestroy()函数，回收 SecondActivity 所占用的内容，如图 2.14 所示。

```
03-27 11:49:11.618 11665-11665/cn.edu.sgmut.activitylifecycle I/Activity2: onPause()
03-27 11:49:11.645 11665-11665/cn.edu.sgmut.activitylifecycle I/Activity1: onRestart()
03-27 11:49:11.646 11665-11665/cn.edu.sgmut.activitylifecycle I/Activity1: onStart()
    onResume()
03-27 11:49:12.217 11665-11665/cn.edu.sgmut.activitylifecycle I/Activity2: onStop()
03-27 11:49:12.221 11665-11665/cn.edu.sgmut.activitylifecycle I/Activity2: onDestroy()
```

图 2.14 从 SecondActivity 跳转到 MainActivity 的生命周期

从以上执行过程可以看出，如果一个 Activity 启动另外一个 Activity，则这两个 Activity 都将经历生命周期的转换。当第一个 Activity 暂停和停止时（第一个 Activity 如果在后台仍然可见，便不会立即停止），如果在第一个 Acitivity 没有完全停止之前创建第二个 Acitivty，则两个 Acitivity 会共享数据。

当两个 Activity 在同一个进程并且一个 Activity 去启动另外一个 Activity 的时候，生命周期回调函数的调用顺序会被很好地执行。以下是一个 Activity 启动另外一个 Activity 时的操作顺序。

（1）Activity A 的 onPause()函数执行。

（2）Activity B 的 onCreate()、onStart()及 onResume()函数顺序执行。之后 Activity B 获取用户焦点。

（3）如果 Activity A 在屏幕上很长时间不可见，则执行 Activity A 的 onStop()方法。

2.6 本章总结

本章首先对 Activity 进行了总体介绍，然后介绍了创建一个 Activity 的步骤。如果要创建一个 Activity，就必须创建一个 Activity 的子类（或者它存在子类）。在子类里，可以实现系统调用的回调方法。接着，对 onCreate()和 onPause()方法进行了重点介绍。要启动一个 Activity，需要通过调用 startActivity()并传递一个 Intent。接着，讲解了 Intent 的使用以及数据的传递和接收。最后，讲解了 Activity 生命周期函数的使用。这些内容都需要开发者熟练掌握。

2.7 课后习题

（1）简述创建一个 Activity 的步骤。

（2）简述 Intent 的作用以及如何启动一个 Activity。

（3）简述如何启动一个带返回结果的 Activity。

（4）简述 Activity 的生命周期函数。

第 3 章　Android 应用界面

学习目标

（1）掌握 Android 常用布局管理器。
（2）掌握 Android 常用控件及其属性。
（3）熟练使用常用控件进行界面布局。
（4）掌握常用高级控件的使用方法。

在 Android 应用程序（APP）中，所有的用户界面元素都是由 View 和 ViewGroup 的对象构成的。View 是绘制在屏幕上能与用户进行交互的一个对象，而 ViewGroup 则是一个用于存放其他 View（和 ViewGroup）对象的布局容器。Android 提供了一个 View 和 ViewGroup 子类的集合，集合中提供了一些常用的输入组件(如按钮、文本域)和各种各样的布局模式（如线性、相对布局）。应用程序的用户界面上每一个组件都是使用 View 和 ViewGroup 对象的层次结构来构成的，如图 3.1 所示，有了层次树，就可以根据自己的需要，设计简单或者复杂的布局了(布局越简单，性能越好)。

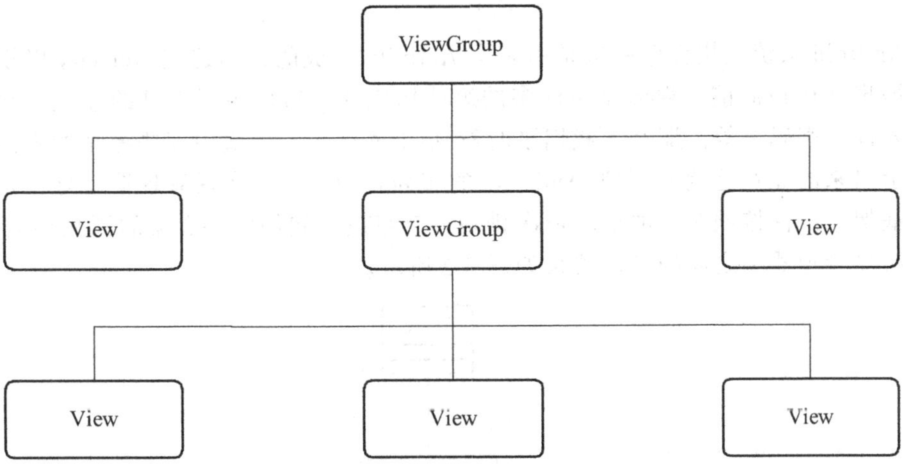

图 3.1　UI 布局层次结构

定义应用程序的布局，可以在代码中实例化 View 对象并且开始构建 UI 树，但定义 UI 布局最容易和最高效的方式则是使用一个 XML 文件，用 XML 来定义布局更加符合人的阅读习惯，而且 XML 与 HTML 类似。如果使用一个<TextView>元素，则会在界面中创建一个 TextView 组件；而使用一个<LinearLayout>元素，则会创建一个 LinearLayout 容器。例如，一个简单的垂直布局上面有一个文本视图和一个按钮，代码如下：

```
<?xml version="1.0" encoding="utf-8"?>
<LinearLayout xmlns:android="http://schemas.android.com/apk/res/android"
                android:layout_width="fill_parent"
                android:layout_height="fill_parent"
                android:orientation="vertical" >
    <TextView android:id="@+id/text"
                android:layout_width="wrap_content"
                android:layout_height="wrap_content"
                android:text="I am a TextView" />
    <Button android:id="@+id/button"
              android:layout_width="wrap_content"
              android:layout_height="wrap_content"
              android:text="I am a Button" />
</LinearLayout>
```

当应用程序加载上述的布局文件时，Android 会将布局文件中的每个节点元素进行实例化成一个个对象，然后可以在 Activity 的 onCreate()方法中获取对象，为对象添加事件等。

3.1 布局管理器

Android 系统应用程序一般是由多个 Activity 组成的，而这些 Activity 以视图的形式展现在用户面前。视图是由许多的组件构成的。组件包括常见的按钮、单行文本输入框、密码框等。那么，我们平时看到的 Android 手机中那些漂亮的界面是怎么显示出来的呢？这就要用到 Android 的布局管理器了。布局管理器就好比是建筑里的框架，组件按照布局的要求依次排列，就组成了我们能够看见的漂亮界面了。

布局管理器类之间的继承关系如图 3.2 所示。

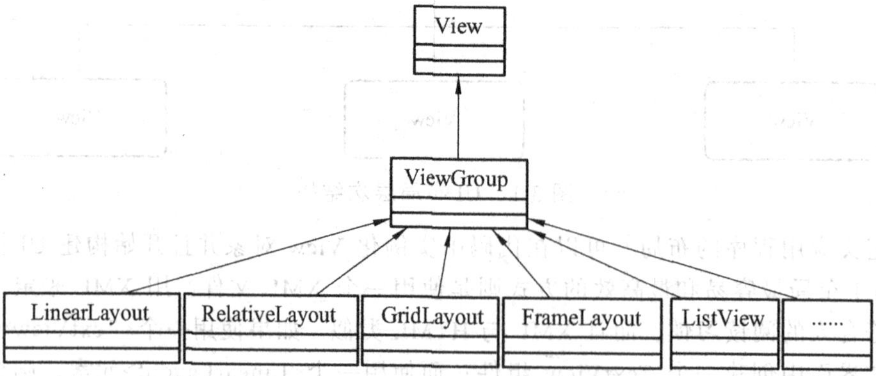

图 3.2　布局管理器类继承关系

3.1.1 线性布局——LinearLayout

线性布局：LinearLayout 是一个视图组，它所有的子视图都在水平或者垂直方向对齐。通过 android:orientation 属性指定布局方向（水平还是垂直），如图 3.3 所示。

图 3.3 线性布局（水平方向）

LinearLayout 所有的子视图排列都是一个靠着另一个，因此垂直列表每行仅仅有一个子视图（不管有多宽），水平列表只能有一行的高度（最高子视图的高度加上边距距离）。LinearLayout 希望子视图之间都有 margin，每个子视图都有 gravity。

线性布局支持给个别的子视图设定权重，可以通过 android:layout_weight 属性完成设定。就一个视图在屏幕上占多大的空间而言，这个属性给其设定了一个重要的值。一个大的权重值，允许它扩大到填充父视图中的任何剩余空间。子视图可以指定一个权重值，然后视图组剩余的其他空间将会分配给其声明权重的子视图。默认的权重为 0。

【例 3.1】线性布局示例——布局方向。

（1）使用 Android Studio 创建一个名为“LinearLayoutDemo”的 Android 工程。

（2）编写布局文件“res/layout/activity_main.xml”，布局文件如下：

```
<?xml version="1.0" encoding="utf-8"?>
<LinearLayout xmlns:android="http://schemas.android.com/apk/res/android"
    xmlns:app="http://schemas.android.com/apk/res-auto"
    xmlns:tools="http://schemas.android.com/tools"
    android:layout_width="match_parent"
    android:layout_height="match_parent"
    android:orientation="vertical"
    tools:context=".MainActivity">
    <Button
            android:id="@+id/btn1"
            android:layout_width="wrap_content"
            android:layout_height="wrap_content"
            android:text="@string/btn1"/>
      <Button
            android:id="@+id/btn2"
          android:layout_width="wrap_content"
```

```
                android:layout_height="wrap_content"
                android:text="@string/btn2"/>
        <Button
                android:id="@+id/btn3"
                android:layout_width="wrap_content"
                android:layout_height="wrap_content"
                android:text="@string/btn3"/>
</LinearLayout>
```

将 android:orientation 的值分别设置为“vertical”和“horizontal”，程序运行结果如图 3.4 和图 3.5 所示。

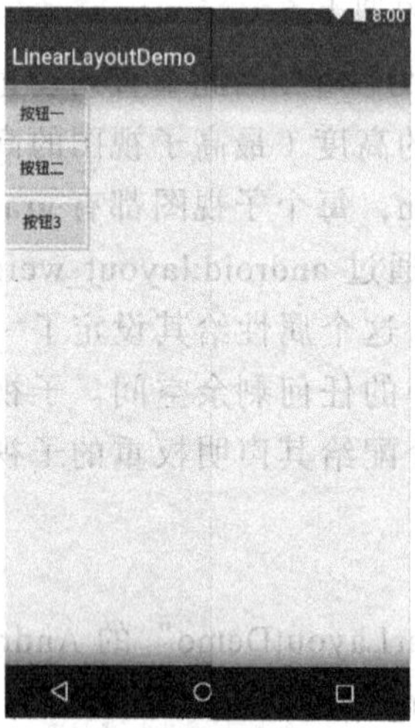

图 3.4　线性布局（垂直方向）

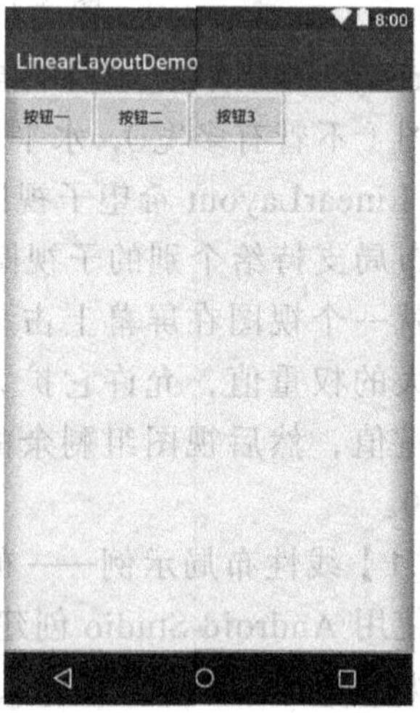

图 3.5　线性布局（水平方向）

【例 3.2】线性布局示例——layout_weight 属性。

（1）在例 3.1 的基础上修改每个按钮的 layout_width="0dp"，给第一按钮添加 layout_weight 属性的值为 2，第二个按钮 layout_weigth 的值为 1，第三个按钮 layout_weight 的值 1，布局文件如下：

```
<?xml version="1.0" encoding="utf-8"?>
<LinearLayout xmlns:android="http://schemas.android.com/apk/res/android"
    xmlns:app="http://schemas.android.com/apk/res-auto"
    xmlns:tools="http://schemas.android.com/tools"
    android:layout_width="match_parent"
    android:layout_height="match_parent"
    android:orientation="horizontal"
    tools:context=".MainActivity">
    <Button
            android:id="@+id/btn1"
            android:layout_width="0dp"
```

```
            android:layout_height="wrap_content"
            android:layout_weight="2"
            android:text="@string/btn1"/>
        <Button
            android:id="@+id/btn2"
            android:layout_width="0dp"
            android:layout_height="wrap_content"
            android:layout_weight="1"
            android:text="@string/btn2"/>
        <Button
            android:id="@+id/btn3"
            android:layout_width="0dp"
            android:layout_height="wrap_content"
            android:layout_weight="1"
            android:text="@string/btn3"/>
</LinearLayout>
```

（2）程序运行结果如图 3.6 所示。

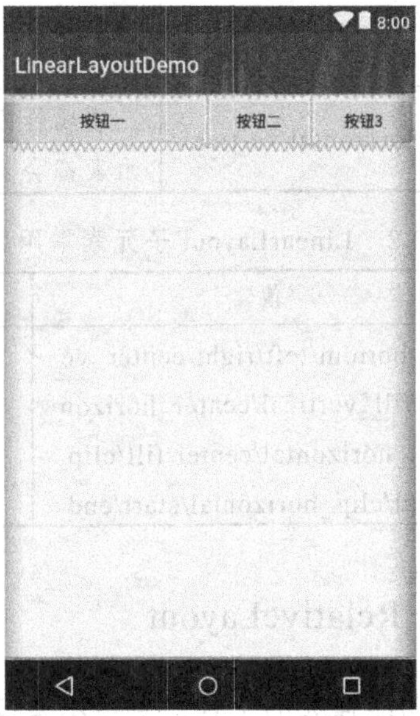

图 3.6　线性布局 layout_weight 属性

在线性布局使用 layout_weight 属性时，一般会将 width 或者 height 设置为 0 dp，这时组件的宽或者高就会按照设置的权重。例如，在例 3.2 中布局文件采用 2∶1∶1 来填充父组件，如图 3.5 所示。但是，如果子组件的宽度或高度不设置成 0 dp，那么它们的宽高是怎么分配的呢？

首先明确一点：layout_weight 权重是针对于 LinearLayout 的剩余空间，所以在设置该属性之后，LinearLayout 会计算自己的剩余空间，然后将剩余空间按权重分配到子组件上。以横向布局为例：LinearLayout 的剩余空间=LinearLayout 的宽度−各个子组件的宽度，可以有负值。

以 2 个子组件为例，权重分别为 2 和 1，那么 2 个子组件的宽度分别为：

子组件 1 的宽度=子组件 1 的初始宽度+（2/3）×LinearLayout 的剩余空间

子组件 2 的宽度=子组件 2 的初始宽度+（1/3）×LinearLayout 的剩余空间

表 3.1 列出了 LinearLayout 的一些常用属性，表 3.2 列出了 LinearLayout 子元素的常用属性。

表 3.1　LinearLayout 常用属性

属性名称	值	说明
android:baselineAligned	True/false	该属性设为 false，将会阻止该布局管理器与它的子元素的基线对齐
android:divider	图片或者是 xml 绘制的 shape	设置垂直布局时两个按钮直接的分隔条，通过以下 3 种方式实现： 1. 添加一个 View。 2. 通过 Shape 实现。 3. 通过设置图片实现
android:measureWithLargestChild	True/false	该属性设为 true 时，所有带权重的子元素都会具有最大子元素的最小尺寸
android:orientation	Horizontal/vertical	该属性设为 true 时，所有带权重的子元素都会具有最大子元素的最小尺寸

表 3.2　LinearLayout 子元素常用属性

属性名称	值	说明
android:layout_gravity	top/bottom/left/right/center_vertical/fill_vertical/center_horizontal/fill_horizontal/center/fill/clip_vertical/clip_horizontal/start/end	指定该子元素在 LinearLayout 中的对齐方式

3.1.2　相对布局——RelativeLayout

相对布局管理器是一个功能强大的工具，主要用来设计用户界面。它可以消除嵌套视图组和保持界面布局层次平坦，这将有助于提高系统性能。相对布局管理器是基于一个参考点而言的布局管理器，类似于 Web 开发中的相对路径的概念，是基于一定的参考点而创建的。在 Android 中的相对布局管理器就是在一个参考点的四周（上、下、左、右）布局的管理器。可以用一个相对布局管理器来替代许多 LinearLayout 的嵌套。

在没有指定子元素位置的情况下，RelativeLayout 默认生成组件的位置是左上角。所以必须给元素添加属性 android:id="@+id/name"来定义组件的名称，其他组件就可以通过@id/name 找到它进行相对布局。图 3.7 所示为 RelativeLayout 的常用属性。

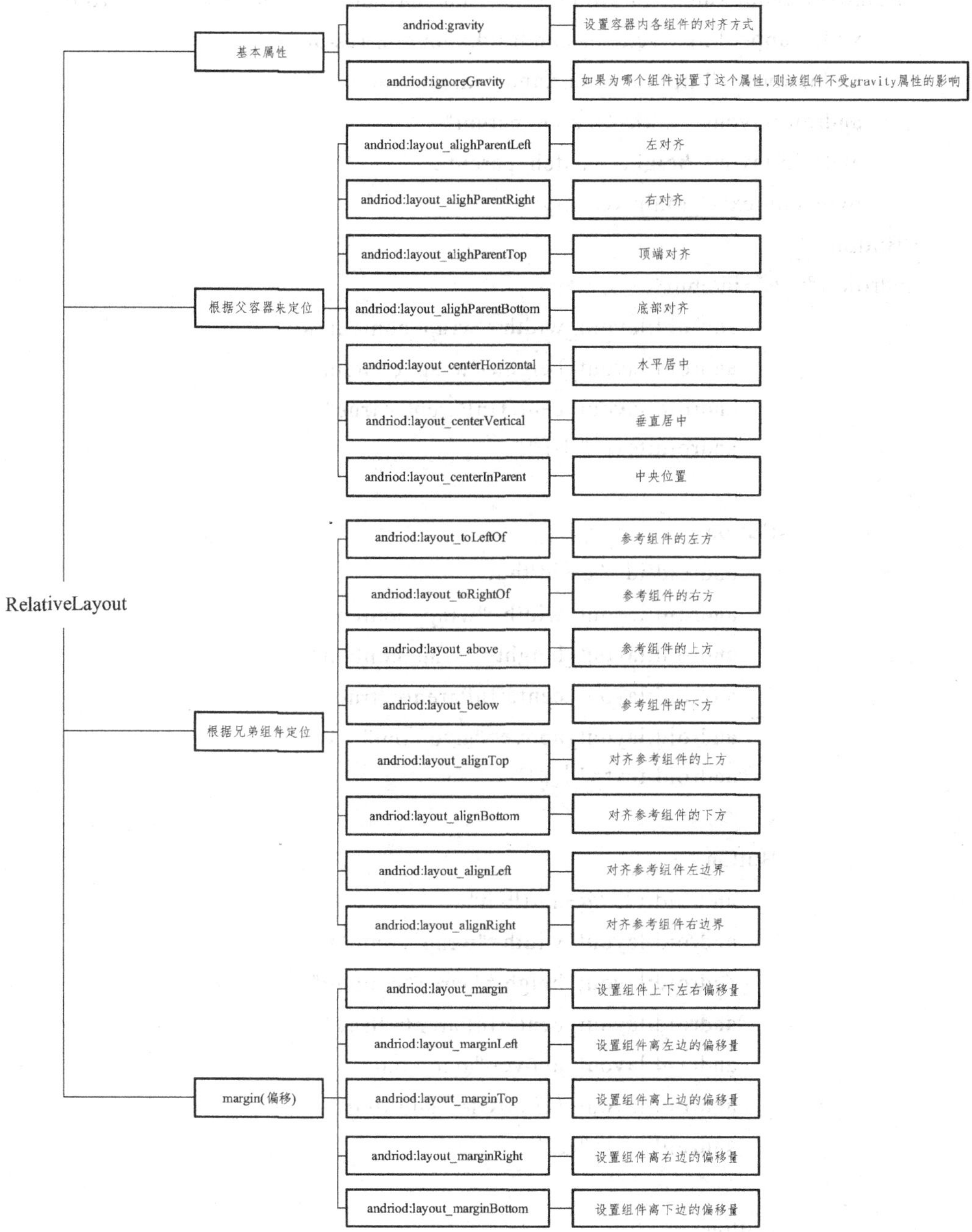

图 3.7 RelativeLayout 常用属性

【例 3.3】相对布局。

（1）使用 Android Studio 创建一个名为“RelativeLayoutDemo”的 Android 工程。

（2）编写布局文件“res/layout/activity_main.xml”，代码如下：

```
<?xml version="1.0" encoding="utf-8"?>
<RelativeLayout xmlns:android="http://schemas.android.com/apk/res/android"
        xmlns:app="http://schemas.android.com/apk/res-auto"
        xmlns:tools="http://schemas.android.com/tools"
        android:layout_width="match_parent"
        android:layout_height="match_parent"
        tools:context=".MainActivity">
    <Button
    android:id="@+id/cbut"
                android:layout_width="wrap_content"
                android:layout_height="wrap_content"
                android:layout_centerInParent="true"
                android:text="中间"
                />
            <Button
                android:id="@+id/tbut"
                android:layout_width="wrap_content"
                android:layout_height="wrap_content"
                android:layout_centerInParent="true"
                android:layout_above="@id/cbut"
                android:text="上面"
                />
            <Button
                android:id="@+id/tlbut"
                android:layout_width="wrap_content"
                android:layout_height="wrap_content"
                android:layout_centerInParent="true"
                android:layout_above="@id/cbut"
                android:layout_toLeftOf="@id/tbut"
                android:text="左上"
                />
            <Button
                android:id="@+id/trbut"
                android:layout_width="wrap_content"
                android:layout_height="wrap_content"
                android:layout_centerInParent="true"
                android:layout_above="@id/cbut"
```

```
        android:layout_toRightOf="@id/tbut"
        android:text="右上"
        />
    <Button
        android:id="@+id/bbut"
        android:layout_width="wrap_content"
        android:layout_height="wrap_content"
        android:layout_centerInParent="true"
        android:layout_below="@id/cbut"
        android:text="下面"
        />
    <Button
        android:id="@+id/lbut"
        android:layout_width="wrap_content"
        android:layout_height="wrap_content"
        android:layout_centerInParent="true"
        android:layout_toLeftOf="@id/cbut"
        android:text="左面"
        />
    <Button
        android:id="@+id/rbut"
        android:layout_width="wrap_content"
        android:layout_height="wrap_content"
        android:layout_centerInParent="true"
        android:layout_toRightOf="@id/cbut"
        android:text="右面"
        />
    <Button
        android:id="@+id/blbut"
        android:layout_width="wrap_content"
        android:layout_height="wrap_content"
        android:layout_alignBottom="@+id/bbut"
        android:layout_alignLeft="@+id/lbut"
        android:text="左下" />
    <Button
        android:id="@+id/brbut"
        android:layout_width="wrap_content"
```

```
        android:layout_height="wrap_content"
        android:layout_alignBottom="@+id/bbut"
        android:layout_alignLeft="@+id/rbut"
        android:text="右下" />
</RelativeLayout>
```

（3）程序运行结果如图 3.8 所示。

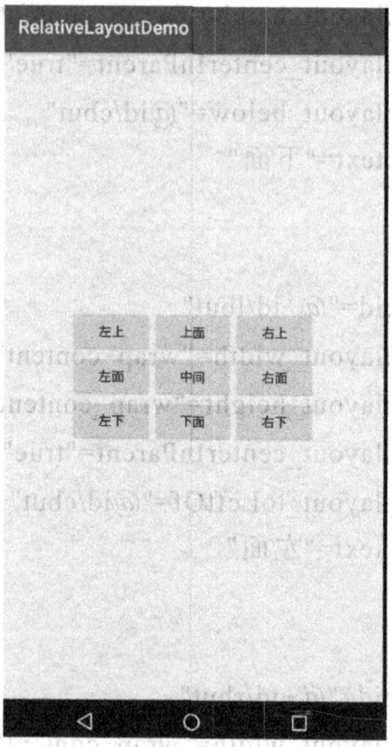

图 3.8　相对布局

说明：在本程序中，使用了相对布局对每一个按钮进行布局。在布局文件中所有的按钮都设置以下属性：

① 宽度、高度属性值为“wrap_content”。按钮的宽度和高度组件的大小会随着内容的改变发生改变。

② id 属性，使用相对布局必须设置 id 或者 name 属性以方便其他按钮参照。

③ layout_centerInParent 的值为“true”，所有的按钮都处在父组件 RelativeLayout 的中央位置（水平和垂直方向都居中）。

接下来主要讲解涉及每个按钮顺序及位置的属性：

① 声明一个按钮并命名为“中间”，设置其属性 layout_centerInParent 的值为“true”，使其位置相对于父组件 RelativeLayout 在垂直和水平两个方向为居中。

② 声明第二个按钮并命名为“上面”，相对于父组件也是在垂直和水平两个方向为居中，通过设置 android:layout_above="@id/cbut"，使其位置为在“中间”按钮的上方位置。其中@id/cbut 参考了中间按钮。

③ 声明第三个按钮并命名为“左上”，相对于父组件也是在垂直和水平两个方向

为居中，通过设置 android:layout_above="@id/cbut"，使其处于按钮“中间”的上面，通过设置 android:layout_toLeftOf="@id/tbut"，使其处于按钮“上面”的左边。其他按钮的位置则通过父容器定位属性和兄弟组件定位属性相结合实现。

3.1.3 ConstraintLayout

ConstraintLayout 是一个 ViewGroup，可以在 Android2.3（API 9）以上的 Android 系统使用它，它的出现主要是为了解决布局嵌套过多的问题，以灵活的方式定位和调整小部件。从 Android Studio 2.3 起，官方的模板默认使用 ConstraintLayout。

在开发过程中经常能遇到一些复杂的 UI，可能会出现布局嵌套过多的问题，嵌套得越多，设备绘制视图所需的时间和计算功耗也就越多。图 3.9 所示为线性布局嵌套的示例。

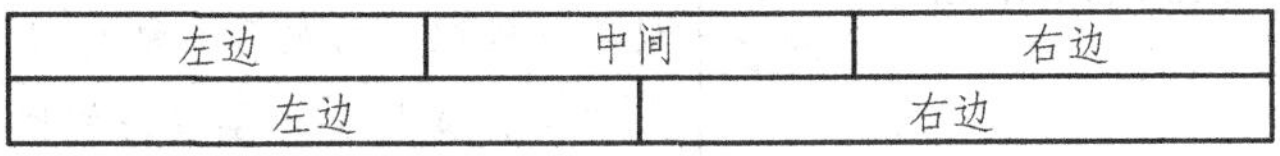

图 3.9 线性布局

ConstraintLayout 使用起来比 RelativeLayout 更灵活，性能更出色。还有一点就是 ConstraintLayout 可以按照比例约束组件位置和尺寸，能够更好地适配屏幕大小不同的机型。

1. 添加依赖

使用 ConstraintLayout 布局，首先在项目的 app/build.gradle（Moudle:app）文件中添加 ConstraintLayout 的依赖，代码如下：

```
implementation 'com.android.support.constraint:constraint-layout:1.1.3'
```

2. 相对定位

相对定位是一个组件相对于另一个组件的位置的约束，类似于相对布局的组件定位。ConstraintLayout 最基本的属性控制，即 layout_constraintXXX_toYYYOf，即将“视图 A”的方向 XXX 置于“视图 B”的方向 YYY 当中，视图 B 可以是父容器（即 ConstraintLayout），用“parent”来表示。相对定位的属性如表 3.3 所示。

表 3.3 ConstraintLayout 定位属性

属性	说明
ayout_constraintTop_toTopOf	将视图 A 的顶部与视图 B 的顶部对齐
layout_constraintTop_toBottomOf	将视图 A 的顶部与视图 B 的底部对齐
layout_constraintBottom_toTopOf	将视图 A 的底部与视图 B 的顶部对齐
layout_constraintBottom_toBottomOf	将视图 A 的底部与视图 B 的底部对齐
layout_constraintLeft_toTopOf	将视图 A 的左侧与视图 B 的顶部对齐

续表

属性	说明
layout_constraintLeft_toBottomOf	将视图 A 的左侧与视图 B 的底部对齐
layout_constraintLeft_toLeftOf	将视图 A 的左边与视图 B 的左边对齐
layout_constraintLeft_toRightOf	将视图 A 的左边与视图 B 的右边对齐
layout_constraintRight_toTopOf	将视图 A 的右对齐到视图 B 的顶部
layout_constraintRight_toBottomOf	将视图 A 的右对齐到视图 B 的底部
layout_constraintRight_toLeftOf	将视图 A 的右边与视图 B 的左边对齐
layout_constraintRight_toRightOf	将视图 A 的右边与视图 B 的右边对齐
constraintDimensionRatio	把一个 View 的尺寸设为特定的宽高比，比如设置一张图片的宽高比为 1∶1，4∶3，16∶9 等
layout_constraintBaseline_toBaselineOf	将视图A的文本基线与视图B的文本基线对齐。例如，用于两个 TextView 的高度不一致，但是又希望它们文本对齐的情况

3. 角度定位

角度定位指的是可以用一个角度和一个距离来约束两个空间的中心。例如以下布局：

```
<TextView
        android:id="@+id/TextView1"
        android:layout_width="wrap_content"
        android:layout_height="wrap_content" />

    <TextView
        android:id="@+id/TextView2"
        android:layout_width="wrap_content"
        android:layout_height="wrap_content"
        app:layout_constraintCircle="@+id/TextView1"
        app:layout_constraintCircleAngle="120"
        app:layout_constraintCircleRadius="150dp" />
```

本例中的 TextView2 用到了 3 个属性：

```
app:layout_constraintCircle="@+id/TextView1"
app:layout_constraintCircleAngle="120"
app:layout_constraintCircleRadius="150dp"
```

其中，android:layout_constraintCircleAngle 指的是 TextView2 的中心在 TextView1 的中心的 120°，距离为 150 dp，效果如图 3.10 所示。

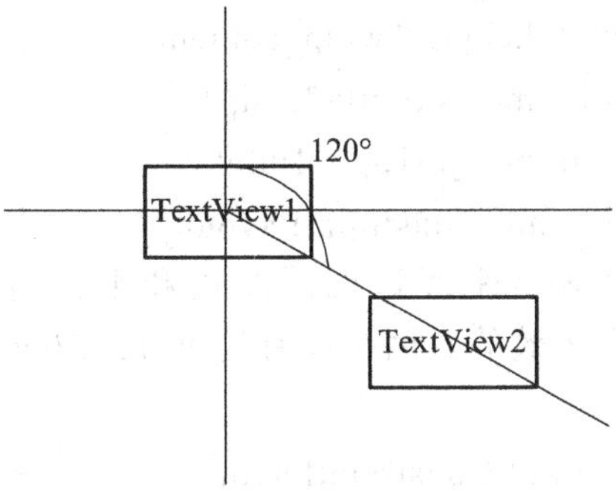

图 3.10　相对定位

4. 边　距

边距的作用是设置 target 组件与 source 组件的边距。例如，将按钮 B 放置到按钮 A 右边，并设置边距，如图 3.11 所示。则按钮 B 为 source 组件，按钮 A 为 target 组件。

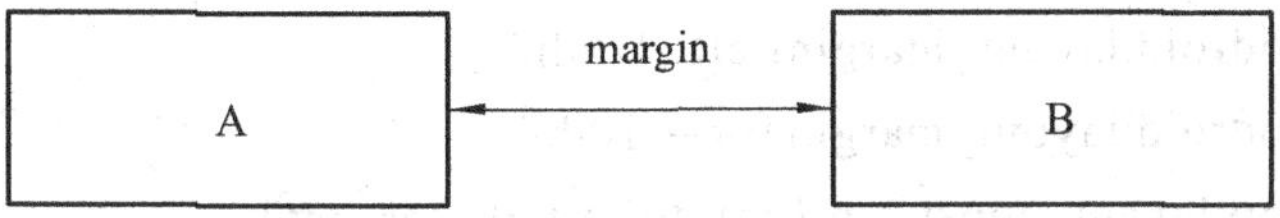

图 3.11　ConstraintLayout 的边距

ConstraintLayout 边距常用属性如表 3.4 所示。

表 3.4　ConstraintLayout 边距常用属性

属性	说明
android:layout_marginStart	设置组件距离开头 View 的边距
android:layout_marginEnd	设置组件距离结尾 View 的边距
android:layout_marginLeft	设置组件距离左边 View 的边距
android:layout_marginTop	设置组件距离顶边 View 的边距
android:layout_marginRight	设置组件距离右边 View 的边距
android:layout_marginBottom	设置组件距离底边 View 的边距

注：边距只能设置精确的值（包括 0）和尺寸引用。

ConstraintLayout 里面要实现 margin，必须先约束该组件在 ConstraintLayout 里的位置，例如：

```
<android.support.constraint.ConstraintLayout
    android:layout_width="match_parent"
    android:layout_height="match_parent">
    <TextView
        android:id="@+id/TextView1"
        android:layout_width="wrap_content"
```

```
        android:layout_height="wrap_content"
        android:layout_marginLeft="10dp"
        android:layout_marginTop="10dp" />
</android.support.constraint.ConstraintLayout>
```

TextView1 的位置应该是距离边框的左边和上面有 10 dp 的边距，但是在 ConstraintLayout 里，是不生效的，因为没有约束 TextView1 在布局里的位置。正确的写法如下：

```
<android.support.constraint.ConstraintLayout
    android:layout_width="match_parent"
    android:layout_height="match_parent">
    <TextView
        android:id="@+id/TextView1"
        android:layout_width="wrap_content"
        android:layout_height="wrap_content"
        android:layout_marginLeft="10dp"
        android:layout_marginTop="10dp"
        app:layout_constraintLeft_toLeftOf="parent"
        app:layout_constraintTop_toTopOf="parent"/>
</android.support.constraint.ConstraintLayout>
```

把 TextView1 的左边和上边约束到 parent 的左边和上边，这样 margin 就会生效。

goneMargin：约束的组件可见性被设置为“gone”时使用的 margin 值，相关属性如表 3.5 所示。

表 3.5　goneMargin 相关属性

属性	说明
android:layout_goneMarginStart	当某一组件属性为 gone 时，设置组件距离开头 View 的边距
android:layout_goneMarginEnd	当某一组件属性为 gone 时，设置组件距离结尾 View 的边距
android:layout_goneMarginLeft	当某一组件属性为 gone 时，设置组件距离左边 View 的边距
android:layout_goneMarginTop	当某一组件属性为 gone 时，设置组件距离顶边 View 的边距
android:layout_goneMarginRight	当某一组件属性为 gone 时，设置组件距离右边 View 的边距
android:layout_goneMarginBottom	当某一组件属性为 gone 时，设置组件距离底边 View 的边距

当某个位置的组件属性设置为“gone”时，可以指定一个另外的边距。例如，

在一个 ConstrainLayout 上放两个按钮，设置 Button2 在 Button1 的左边并且左边距为 20 dp，布局文件如下：

```
    <?xml version="1.0" encoding="utf-8"?>
    <android.support.constraint.ConstraintLayout
xmlns:android="http://schemas.android.com/apk/res/android"
        xmlns:app="http://schemas.android.com/apk/res-auto"
        xmlns:tools="http://schemas.android.com/tools"
        android:layout_width="match_parent"
        android:layout_height="match_parent"
        tools:context=".MainActivity">
        <Button
            android:id="@+id/btn_1"
            android:layout_width="100dp"
            android:layout_height="wrap_content"
            android:text="Button1"
            app:layout_constraintLeft_toLeftOf="parent"
            app:layout_constraintTop_toTopOf="parent" />
        <Button
            android:id="@+id/btn_2"
            android:layout_width="100dp"
            android:layout_height="wrap_content"
            android:layout_marginLeft="20dp"
            android:text="Button2"
            app:layout_constraintLeft_toRightOf="@id/btn_1" />
    </android.support.constraint.ConstraintLayout>
```

程序运行结果如图 3.12 所示。

图 3.12　ConstraintLayout 布局

在图 3.12 中如果不设置 layout_goneMarginLeft 属性，如果将 Button1 的属性 android:visibility 设置为“gone”，那么 Button2 的位置肯定会改变，如图 3.13 所示。

图 3.13　Button2 的位置

如果 Button2 设置了 app:layout_goneMarginLeft="120dp"（这个边距是 Button1 的 width 加上原先的左边距，因此，如果要使用这个属性，则需要设置为 Gone 的组件的宽度、高度或者两者应该是确定的），Button2 的位置是不会改变，如图 3.14 所示。

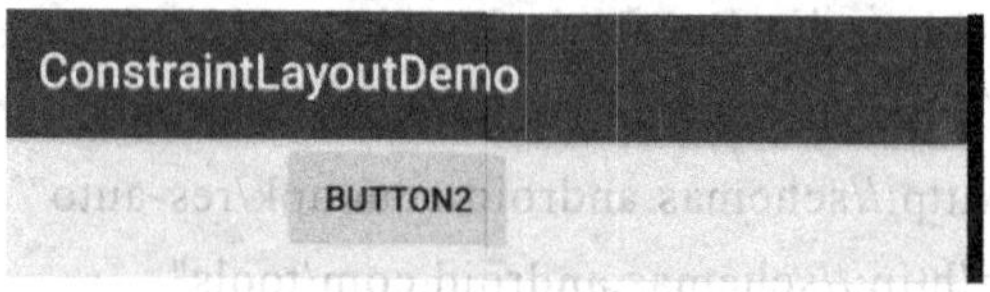

图 3.14　设置 layout_goneMarginLeft 属性后 Button2 的位置

5. 链

链的作用是在单一轴（水平或垂直）上提供群组行为，而另一轴可以独立约束。它提供了在一个维度（水平或者垂直）管理一组组件的方式。如果两个或以上组件通过如图 3.15 所示的方式约束在一起，就可以认为它们是一条链（图为横向的链，纵向同理）。在图 3.15 中，TextView1 称为链头，链的属性由链头控制。

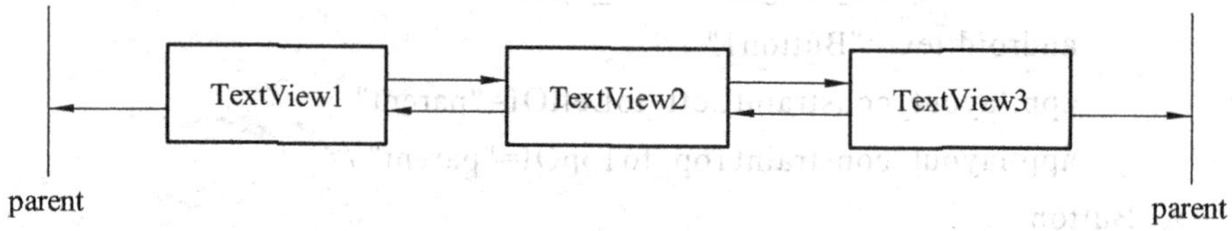

图 3.15　横向链

当在链的链头元素设置了 layout_constraintHorizontal_chainStyle 或 layout_constraintVertical_chainStyle 属性，链样式将按照指定的方式改变（默认是 CHAIN_SPREAD）。例如：

```
app:layout_constraintHorizontal_chainStyle="spread_inside"。
```

链的样式有以下几种：

（1）CHAIN_SPREAD：元素将展开（默认）。

（2）权重链：在 CHAIN_SPREAD 模式下，如果一些组件设置了 MATCH_CONSTRAINT，这些组件将分担可用空间。属性 layout_constraintHorizontal_weight 和 layout_constraintVertical_weight 可以控制使用 MATCH_CONSTRAINT 的元素如何分配空间。例如，一条链控制了两个使用 MATCH_CONSTRAINT 的元素，第一个元素权重为 2，第二个元素权重为 1，那么第一个元素占用的空间是第二个元素的两倍。

（3）CHAIN_SPREAD_INSIDE：元素展开，但链的端点不会展开。

（4）CHAIN_PACKED：链中的元素将包裹在一起。子组件的水平或垂直方向的偏置 bias 属性会影响包裹中元素的位置。

几种链样式如图 3.16 所示。

6. Barrier

假设有 3 个组件 A、B、C（见图 3.17），C 在 A 和 B 的右边，但是 A 和 B 的宽是不固定的，这个时候 C 无论约束在 A 的右边或者 B 的右边都不对。如果出现这种情况，则可以用 Barrier 来解决。Barrier 可以在多个组件的一侧建立一个屏障，这个时候 C 只要约束在 Barrier 的右边就可以了，如图 3.18 所示。

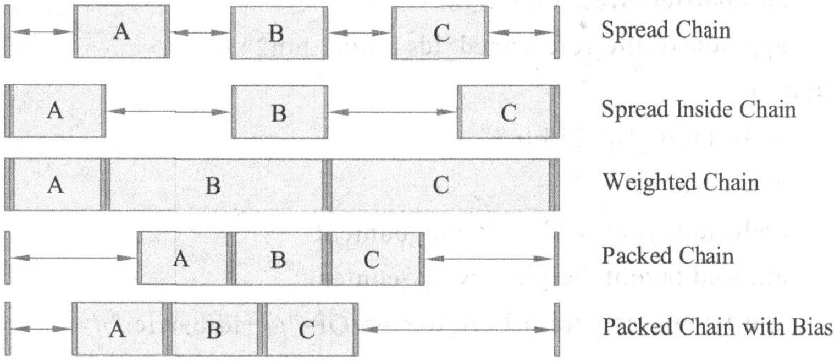

图 3.16　链样式

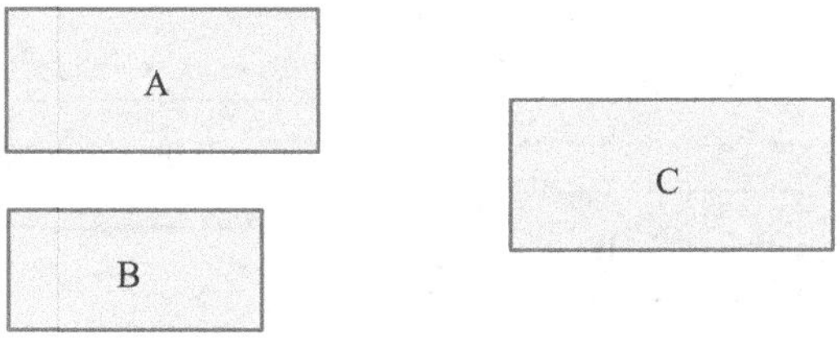

图 3.17　需要布局的 3 个组件

布局关键代码如下：

```
<Button
    android:id="@+id/btn1"
    android:layout_width="wrap_content"
    android:layout_height="wrap_content"
    android:text="A"
    app:layout_constraintLeft_toLeftOf="parent"
    app:layout_constraintTop_toTopOf="parent"
    />
<Button
    android:id="@+id/btn2"
    android:layout_width="wrap_content"
    android:layout_height="wrap_content"
    android:text="B"
    app:layout_constraintLeft_toLeftOf="parent"
    app:layout_constraintTop_toBottomOf="@+id/btn1" />
<android.support.constraint.Barrier
    android:id="@+id/barrier"
```

```
        android:layout_width="wrap_content"
        android:layout_height="wrap_content"
        app:barrierDirection="right"
        app:constraint_referenced_ids="btn1,btn2" />
    <Button
        android:id="@+id/btn3"
        android:text="C"
        android:layout_width="wrap_content"
        android:layout_height="wrap_content"
        app:layout_constraintLeft_toRightOf="@+id/barrier" />
```

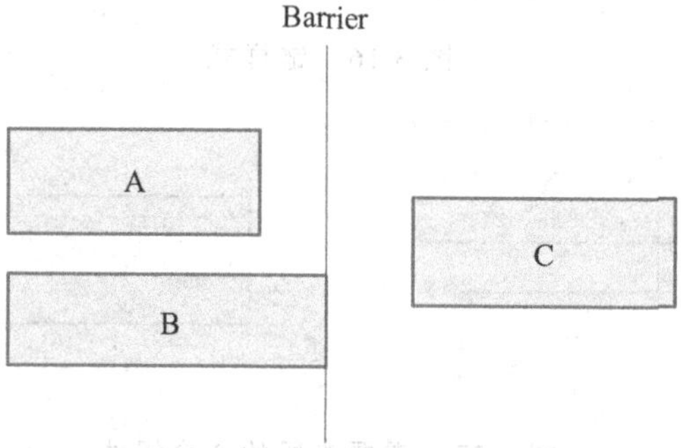

图 3.18　使用 Barrier 后的布局

app:barrierDirection 为屏障所在的位置，可设置的值有 bottom、end、left、right、start、top。

app:constraint_referenced_ids 为屏障引用的组件，可设置多个（用“,”隔开）。

7. Group

Group 可以把多个组件归为一组，方便隐藏或显示一组组件。例如，在 Barrir 布局文件的基础上将按钮 A 和按钮 B 设置为一组，设置为隐藏。将以下代码添加到按钮 C 下面，程序运行结果如图 3.19 所示。

```
<android.support.constraint.Group
        android:id="@+id/group"
        android:layout_width="wrap_content"
        android:layout_height="wrap_content"
        android:visibility="invisible"
            app:constraint_referenced_ids="btn1,btn2" />
```

图 3.19　Group 组件

3.2 UI 组件

要进行 UI 界面设计，还需要熟练掌握各种组件的应用。开始一个 UI 界面设计，首先要创建容器，然后向容器中添加不同的组件，使用布局文件对组件进行布局，最后形成一个 UI 界面。掌握 UI 组件是学好 Android 编程的基础。

3.2.1 文本组件 TextView

TextView 是 View 的直接子类。它是一个文本显示组件，提供了基本的显示文本的功能，并且是大部分 UI 组件的父类，因为大部分 UI 组件都需要展示信息。TextView 不仅可以展示文本还可以预定义了一些类似于 HTML 的标签，通过这些标签可以使 TextView 组件显示不同的颜色、大小、字体、图片、链接。这些 HTML 标签都需要 android.text.Html 类的支持，但是并不包括所有的 HTML 标签。TextView 常用属性如表 3.6 所示。

表 3.6 TextView 常用属性

属性	说明
android:id	为 TextView 设置一个组件 id，根据 id 可以在 Java 代码中通过 findViewById()的方法获取到该对象，然后进行相关属性的设置
android:layout_width	组件的宽度，一般写作 wrap_content 或者 match_parent(fill_parent)，前者是组件显示的内容多大，组件就多大，而后者会填满该组件所在的父容器；当然也可以设置成特定的大小，例如这里为了显示效果，设置成了 200dp
android:layout_height	组件的宽度，内容同 android:layout_width
android:gravity	设置组件中内容的对齐方向，TextView 中是文字，ImageView 中是图片等
android:text	设置显示的文本内容，一般我们是把字符串写到 string.xml 文件中，然后通过@String/xxx 取得对应的字符串内容
android:textColor	设置字体颜色，同上，通过 colors.xml 资源来引用
android:textStyle	设置字体风格，三个可选值：normal（无效果）、bold（加粗）和 italic（斜体）
android:textSize	字体大小
android:background	组件的背景颜色，可以理解为填充整个组件的颜色，也可以是图片
android:singleLine	设置单行显示。如果与 layout_width 一起使用，当文本不能全部显示时，后面用"..."来表示
android:phoneNumber	设置为电话号码的输入方式
android:ellipSize	设置文字过长时，该组件是如何显示。 start——省略号显示在开头；end——省略号显示在结尾； middle——省略号显示在中间；marquee——以跑马灯的方式显示

下面将通过具体的例子讲解 TextView 的使用，程序运行结果如图 3.20 所示。

```
<TextView
    android:id="@+id/tv1"
    android:layout_width="wrap_content"
    android:layout_height="wrap_content"
    app:layout_constraintLeft_toLeftOf="parent"
    app:layout_constraintTop_toTopOf="parent"
    android:textSize="25sp"
    android:textColor="@color/colorPrimary"
    android:text="TextView1"
    />
<TextView
    android:id="@+id/tv2"
    android:layout_width="wrap_content"
    android:layout_height="wrap_content"
    app:layout_constraintLeft_toLeftOf="parent"
    app:layout_constraintTop_toBottomOf="@+id/tv1"
    android:text="TextView2"
    android:background="@color/colorAccent"
    />
<TextView
    android:id="@+id/tv3"
    android:layout_width="wrap_content"
    android:layout_height="wrap_content"
    app:layout_constraintLeft_toLeftOf="parent"
    app:layout_constraintTop_toBottomOf="@+id/tv2"
    android:singleLine="true"
    android:text="此程序比较简单，只有一个组件，如果有很多个组件时，那么我们需要写很多的代码去进行组件的布局"
    />
<TextView
    android:id="@+id/textView1"
    android:layout_width="wrap_content"
    android:layout_height="wrap_content"
    android:layout_marginTop="30dp"
    android:drawableTop="@drawable/gjgl"
    android:gravity="center"
    android:text="雾霾"
```

```
        app:layout_constraintLeft_toLeftOf="parent"
        app:layout_constraintTop_toBottomOf="@+id/tv3"
        />
```

上述代码中放置了四个 TextView，第一个 TextView 演示了文本的颜色和字体大小，第二个 TextView 演示了文本的背景颜色，第三个 TextView 演示了文本设置为单行并且当文本不能全部显示时，后面用"…"来表示，第四个 TextView 演示了图片下方有文字时文字的对齐方式。

图 3.20　TextView 组件

3.2.2　EditText

EditText 是 Android 中比较常用的一个组件，是 TextView 的子类，继承了 TextView 的所有属性，是用户和 Android 应用进行数据传递的通道。通过它，用户可以把数据传给应用程序，然后用户可以获取到用户输入的数据。EditText 常用属性如表 3.7 所示。

表 3.7　EditText 常用属性

属性	说明
android:id	为 EditText 设置一个组件 id，根据 id 可以在 Java 代码中通过 findViewById()的方法获取到该对象，然后进行相关属性的设置
android:text	设置文本内容
android:hint	内容为空时显示的文本
android:inputType	限制输入类型：number:整数类型；numberDecimal:小数点类型；date:日期类型；text:文本类型（默认值）；phone:拨号键盘；textPassword:密码；textVisiblePassword:可见密码；textUri:网址
android:maxLength	限制显示的文本长度，超出部分不显示
android:gravity	设置文本位置，如设置成“center”，文本将居中显示
android:textStyle	设置字形，可以设置一个或多个，用"|"隔开:bold:粗体 italic:斜体；bolditalic:又粗又斜
android:drawableLeft	在 text 的左边输出一个 drawable，如图片等
android:drawableBottom	在 text 的下方输出一个 drawable，如图片等

下面将通过具体的例子来讲解 EditText 的使用，程序运行结果如图 3.21 所示。

```
<?xml version="1.0" encoding="utf-8"?>
<LinearLayout xmlns:android="http://schemas.android.com/apk/res/android"
    android:layout_width="match_parent"
    android:layout_height="match_parent"
    android:orientation="vertical">
    <EditText
        android:id="@+id/et_phone"
        android:layout_width="match_parent"
        android:layout_height="wrap_content"
        android:layout_marginLeft="20dp"
        android:layout_marginRight="20dp"
        android:background="@null"
        android:inputType="number"
        android:maxLength="11"
        android:hint="请输入手机号"
        android:drawablePadding="10dp"
        android:padding="10dp"
        android:drawableLeft="@mipmap/icon_phone"
        android:drawableBottom="@drawable/shape_et_bottom_line"
        android:layout_marginTop="20dp"/>
    <EditText
        android:id="@+id/et_password"
        android:layout_width="match_parent"
        android:layout_height="wrap_content"
        android:layout_marginLeft="20dp"
        android:layout_marginRight="20dp"
        android:layout_marginTop="10dp"
        android:background="@null"
        android:inputType="textPassword"
        android:maxLength="16"
        android:padding="10dp"
        android:drawablePadding="10dp"
        android:hint="请输入密码"
        android:drawableBottom="@drawable/shape_et_bottom_line"
        android:drawableLeft="@mipmap/icon_password"/>
    <TextView
        android:id="@+id/tv_login"
```

```
        style="@style/Widget.AppCompat.Button.Colored"
        android:layout_width="match_parent"
        android:layout_height="50dp"
        android:layout_marginLeft="10dp"
        android:layout_marginRight="10dp"
        android:layout_marginTop="30dp"
        android:text="登  录"
        android:textColor="#ffffffff"
        android:textSize="18sp" />
</LinearLayout>
```

上述代码中使用了线性布局，每行设置一个 EditText 组件，在第一个 EditText 组件设置其 inputType 属性为 number，当 EditText 获取焦点后，将自动出现只能输入数字的软键盘，设置 maxLength 属性的值为 11，即最多只能输入 11 个数字，设置 hint 属性为“请输入手机号”，设置 drawableLeft 为一张图片，图片的路径为 res/mipmap-hdpi/icon_phone.png，图片内容如图 3.21 所示，最后设置 drawableBottom 属性，属性值为引入一个 Shape 布局文件，文件的路径为 drawable/shape_et_bottom_line.xml，这个布局文件便是输入框的下划线，布局内容如下：

```
<shape xmlns:android="http://schemas.android.com/apk/res/android"
    android:shape="rectangle" >
    <solid android:color="#1E7EE3" />
    <size android:height="1dp" android:width="500dp"/>
</shape>
```

用 XML 实现一些形状图形，或者设置颜色渐变效果，相比 PNG 图片，其占用空间更小，相比自定义 View，实现起来更加简单。在上述代码中，“solid”用以指定内部填充色，颜色值为“#1E7EE3”，“size”用于定义图形的大小，高度为“1 dp”，宽度为“500 dp”。

将第二个 EditText 的 inputType 属性设置为“textPassword”，以隐藏输入的密码。其他属性的设置与第一个 EditText 类似。登录按钮使用了 TextView 组件，通过使用系统已有的样式来设置 TextView 的显示形式。

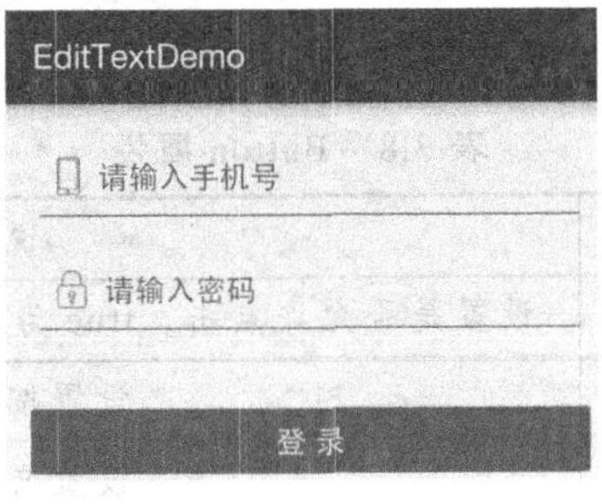

图 3.21　EditText 组件

3.2.3　按钮 Button

Button 是 Android 中一个非常简单的组件，在项目中非常常见，其使用率也是相当高。下面从几个方面介绍一下它的用法。一个按钮可以包含文字、图标或者既有文字又有图标，当用户单击时可以触发响应事件。图 3.22 所示为 3 种类型的按钮。

图 3.22　按钮

以下布局代码展示了如何创建一个只有文本、只有图标或者两者兼有的按钮。

（1）只有文本的按钮。

```
<Button
    android:layout_width="wrap_content"
    android:layout_height="wrap_content"
    android:text="@string/button_text"
/>
```

（2）只有图标的按钮，图标来源于目录 drawable/button_icon.png。

```
<ImageButton
    android:layout_width="wrap_content"
    android:layout_height="wrap_content"
    android:src="@drawable/button_icon"

/>
```

（3）创建既有文本又有图标的按钮，使用 android:drawableLeft 属性添加图标。

```
<Button
    android:layout_width="wrap_content"
    android:layout_height="wrap_content"
    android:text="@string/button_text"
    android:drawableLeft="@drawable/button_icon"
/>
```

Button 常见的属性如表 3.8 所示。

表 3.8　Button 属性

属性	说明
android:clickable	设置是否允许点击，true 为允许点击，false 为禁止点击
android:text	设置按钮文字
android:textColor	设置文字颜色
android:onClick	设置点击事件

单击事件响应：当用户单击按钮时，按钮对象接收到一个单击事件，为了响应单击事件，在布局文件中定义按钮时给按钮设置 android:onClick 属性，属性的值必须是处理单击事件的方法名称，拥有布局文件的 Activity 必须能实现该方法。方法必须满足以下条件：

（1）该方法必须是 public 修饰；

（2）方法的返回值必须为 void；

（3）方法只能拥有一个 View 类型的形式参数。

以下布局文件演示了拥有 onClick 属性的按钮，以及在 Acitivity 中处理单击事件的方法。

```
<Button
    android:id="@+id/button_send"
    android:layout_width="wrap_content"
    android:layout_height="wrap_content"
    android:text="@string/button_send"
android:onClick="sendMessage" />
```

以下代码为处理单击按钮事件的方法。

```
/** Called when the user touches the button */
public void sendMessage(View view) {
    // Do something in response to button click
}
```

处理单击按钮事件还有一种方式便是通过编写程序，而不必在布局文件中声明属性。

首先是创建一个 View.OnClickListener 对象，通过 setOnClickListener(View.OnClickListener)方法赋值给按钮。例如：

```
Button button = (Button) findViewById(R.id.button_send);//根据 id 找到按钮
button.setOnClickListener(new View.OnClickListener() {
    public void onClick(View v) {
        // Do something in response to button click
    }
});
```

3.2.4 复选框 Checkboxes

复选框允许用户从一组中选择一个或多个选项。一般情况下，应该在垂直列表中显示每个复选框选项，如图 3.23 所示。

一组复选框选项允许用户选择多个项目，并且每个复选框都是单独管理的，因此必须为每个复选框注册一个单击监听器。当用户选择一个复选框时，复选框对象接收一个单击事件。要为复选框定义单击事件处理程序，应在布局文件中给复选框添加 android:onclick 属性，此属性的值必须是要响应单击事件而调用的方法的名称。托管布局的 Activity 必须要能实现相应的方法。下面将通过具体的例子讲解复选框的使用。

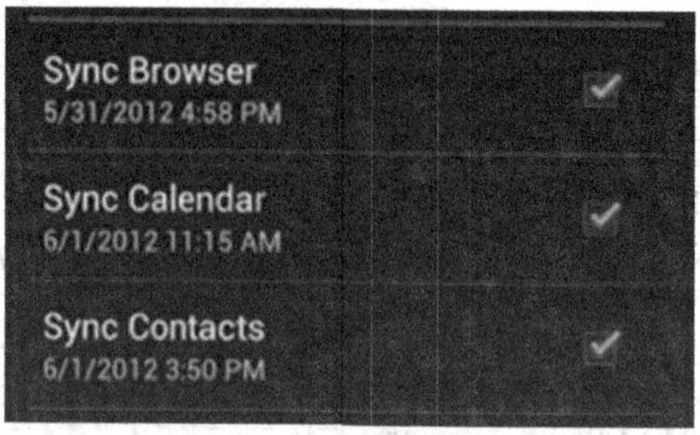

图 3.23 垂直列表复选框选项

```
<?xml version="1.0" encoding="utf-8"?>
<LinearLayout xmlns:android="http://schemas.android.com/apk/res/android"
    android:orientation="vertical"
    android:layout_width="fill_parent"
    android:layout_height="fill_parent">
  <CheckBox android:id="@+id/checkbox_meat"
      android:layout_width="wrap_content"
      android:layout_height="wrap_content"
      android:text="肉"
      android:onClick="onCheckboxClicked"/>
  <CheckBox android:id="@+id/checkbox_cheese"
      android:layout_width="wrap_content"
      android:layout_height="wrap_content"
      android:text="奶酪"
      android:onClick="onCheckboxClicked"/>
  <TextView android:id="@+id/tv"
      android:layout_width="match_parent"
      android:layout_height="wrap_content"
      android:layout_gravity="center_horizontal"
      android:textSize="24dp"
      />
</LinearLayout>
```

在布局文件中使用线性布局，将两个复选框 CheckBox 和一个 TextView 以垂直方式布局，为了响应复选框单击事件，给复选框添加了 android:onClick 属性，托管布局的 Activity 必须要能实现名称为 onCheckboxClicked 的方法。方法必须满足以下条件：

（1）该方法必须是 public 修饰。

（2）方法的返回值必须为 void。

（3）方法只能拥有一个 View 类型的参数，该参数指向被单击的 CheckBox。

托管布局的 Activity 代码如下：

```
public class MainActivity extends AppCompatActivity {
    private TextView tv;
    @Override
    protected void onCreate(Bundle savedInstanceState) {
        super.onCreate(savedInstanceState);
        setContentView(R.layout.activity_main);
      //查找响应 TextView 组件
        this.tv = (TextView)this.findViewById(R.id.tv);
    }
    public void onCheckboxClicked(View view){
        //将 view 强制转换为 CheckBox
        CheckBox ck = (CheckBox)view;
        //判断是否被选中
        boolean checked = ck.isChecked();
        if(checked){
            this.tv.setText(ck.getText()+"被选中");
        }else{
            this.tv.setText(ck.getText()+"被取消选中");
        }
    }
}
```

在 MainActivity 中，首先声明了一个 TextView 类型的对象 tv，在 onCreate 方法中使用 findViewById()方法（方法的参数为在布局文件中 TextView 的 id 属性的值）查找布局文件中的组件赋值给 tv。onCheckboxClicked(View view)方法用于响应复选框的单击事件，方法中的形式参数 view 为被单击的复选框，在方法的第一行将 view 强制转换为 CheckBox，复选框对象的 isChecked()方法判断该复选框是否被选中，如果被选中，tv 对象就显示为对应的复选框被选中，否则显示对应的复选框被取消选中。程序运行结果如图 3.24 所示。

图 3.24　复选框 CheckBox

3.2.5 单选按钮 RadioButton

单选按钮允许用户从集合中选择一个选项。如果用户需要并排查看所有可用选项，则应该对互斥的可选集使用单选按钮，如图 3.25 所示。

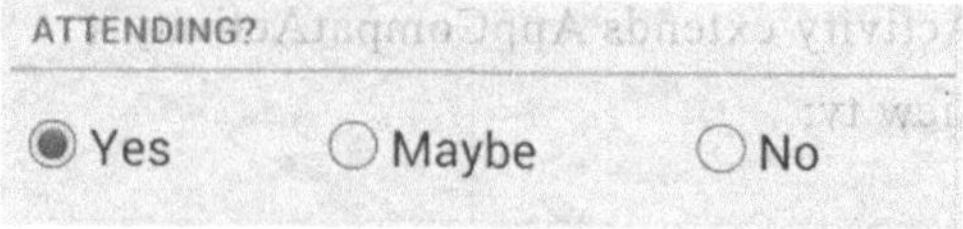

图 3.25 并排显示互斥的单选按钮

因为单选按钮之间是互斥的，所以必须将互斥的单选按钮使用 GadioGroup 组合在一起，组合在一起之后系统可以保证一次只能有一个单选按钮被选中。当用户选中一个单选按钮时，对应的单选按钮可以接收到一个单击事件。处理单选按钮的单击事件，可以在布局文件中为单选按钮添加 android:onClick 属性，类似于复选框的单击事件处理。

下面将通过具体的例子来讲解单选按钮的使用。

```
<?xml version="1.0" encoding="utf-8"?>
<LinearLayout xmlns:android="http://schemas.android.com/apk/res/android"
    android:orientation="vertical"
    android:layout_width="fill_parent"
    android:layout_height="fill_parent">
    <RadioGroup
        android:layout_gravity="center_horizontal"
        android:layout_width="wrap_content"
        android:layout_height="wrap_content"
        android:orientation="horizontal">
       <RadioButton android:id="@+id/man"
           android:layout_width="wrap_content"
           android:layout_height="wrap_content"
           android:text="男"
           android:onClick="onRadioButtonClicked"/>
       <RadioButton android:id="@+id/women"
           android:layout_width="wrap_content"
           android:layout_height="wrap_content"
           android:text="女"
           android:onClick="onRadioButtonClicked"/>
    </RadioGroup>
  <TextView android:id="@+id/tv"
       android:layout_width="wrap_content"
```

```
        android:layout_height="wrap_content"
        android:layout_gravity="center_horizontal"
        android:textSize="24dp"/>
</LinearLayout>
```

在布局文件中使用线性布局，两个单选按钮用 GadioGroup 进行组合以实现互斥的选中，为了响应单选按钮单击事件，给单选按钮添加了 android:onClick 属性，托管布局的 Activity 必须要能实现名称为 onRadioButtonClicked 的方法。方法必须满足以下条件：

（1）该方法必须是 public 修饰；

（2）方法的返回值必须为 void；

（3）方法只能拥有一个 View 类型的形式参数，该形式参数为被单击的 RadioButton。

布局文件中的 TextView 用于显示哪个单选按钮被选中。托管布局的 Activity 代码如下：

```
public class MainActivity extends AppCompatActivity {
    private TextView tv;
    @Override
    protected void onCreate(Bundle savedInstanceState) {
        super.onCreate(savedInstanceState);
        setContentView(R.layout.activity_main);
        this.tv = (TextView)this.findViewById(R.id.tv);
    }
    public void onRadioButtonClicked(View view){
        RadioButton ck = (RadioButton)view;
        boolean checked = ck.isChecked();
        if(checked){
            this.tv.setText(ck.getText()+"被选中");
        }else{
            this.tv.setText(ck.getText()+"被取消选中");
        }
    }
}
```

在 MainActivity 中，首先声明了一个 TextView 类型的对象 tv，在 onCreate 方法中使用 findViewById()方法（方法的参数为在布局文件中 TextView 的 id 属性的值）查找布局文件中的组件赋值给 tv。onRadioButtonClicked(View view)方法用于响应单选按钮的单击事件，方法中的形式参数 view 为要被单击的单选按钮，在方法的第一行将 view 强制转换为 RadioButton，isChecked()方法判断该单选按钮是否被选中，如果被选中 tv，对象就显示为对应的单选按钮被选中，否则显示对应单选按钮被取消选中。程序运行结果如图 3.26 所示。

图 3.26　单选按钮

3.2.6　状态开关按钮和开关 Toggle Button/Switch

状态开关按钮（ToggleButton）和开关（Switch）是由 Button 派生出来的，因此它们本质上都是按钮。Button 支持的各种属性、方法也适用于 ToggleButton 和 Switch。从功能上看，ToggleButton、Switch 和 CheckBox 复选框非常相似，都能提供两种状态，但是它们区别主要在功能上。ToggleButton 和 Switch 主要用于切换程序中的状态。当用户在两种状态间进行切换时会触发一个 OnCheckedChange 事件。表 3.9 列出了 ToggleButton 常用的属性。

表 3.9　ToggleButton 常用属性

属性	说明
android:checked	设置该按钮是否被选中
android:textOff	设置当该按钮状态关闭时显示的文本
android:textOn	设置当该按钮状态打开时显示的文本

下面将通过简单的示例来讲解 ToggleButton 的使用。在 res/layout/activity_main.xml 中文件的代码如下：

```
<?xml version="1.0" encoding="utf-8"?>
<LinearLayout xmlns:android="http://schemas.android.com/apk/res/android"
    android:orientation="vertical"
    android:layout_width="fill_parent"
    android:layout_height="fill_parent">
   <TextView android:id="@+id/tv"
        android:layout_width="wrap_content"
        android:layout_height="wrap_content"
        android:layout_gravity="center_horizontal"
        android:textSize="24dp"
        android:text="你是否喜欢学习 Android 开发"
        />
    <ToggleButton
        android:id="@+id/tb"
        android:layout_width="wrap_content"
        android:layout_height="wrap_content"
```

```
        android:textOn="喜欢"
        android:textOff="不喜欢"
        />
    <TextView android:id="@+id/tv1"
        android:layout_width="wrap_content"
        android:layout_height="wrap_content"
        android:layout_gravity="center_horizontal"
        android:textSize="24dp"
        android:textColor="@color/colorPrimary"
        />
</LinearLayout>
```

在布局文件中首先声明了一个 TextView 组件，水平居中显示，显示一个标题内容为“你是否喜欢学习 Android 开发”，然后声明了一个 ToggleButton 组件，设置了按钮状态关闭和按钮状态打开时显示的文本，最后声明了一个 TextView 组件，用于显示 ToggleButton 的状态。托管布局的 Activity 代码如下：

```
public class MainActivity extends AppCompatActivity {
    private TextView tv;
    @Override
    protected void onCreate(Bundle savedInstanceState) {
        super.onCreate(savedInstanceState);
        setContentView(R.layout.activity_main);
        tv = (TextView)this.findViewById(R.id.tv1);
        ToggleButton toggleButton = (ToggleButton)this.findViewById(R.id.tb);
        //给 toggleButton 添加按钮的切换事件
         toggleButton.setOnCheckedChangeListener(new CompoundButton.
OnCheckedChangeListener() {
            @Override
            public void onCheckedChanged(CompoundButton buttonView, boolean
isChecked) {
                if(buttonView.isChecked()){
                    tv.setText("喜欢");
                }else{
                    tv.setText("不喜欢");
                }
            }
        });
    }
}
```

在 MainActivity 中，首先声明了一个 TextView 类型的对象 tv，在 onCreate 方法中使用 findViewById()方法（方法的参数为在布局文件中 id 属性的值）查找布局文件中的组件赋值给 tv 和 toggleButton 对象。通过 setOnCheckedChangeListener()方法给 toggleButton 添加按钮状态切换事件，在程序中使用了创建匿名对象 CompoundButton. OnCheckedChangeListener()实现 onCheckedChanged()方法，在方法中通过 buttonView. isChecked()返回 true 或者 false 判断 toggleButton 按钮处于打开状态还是关闭状态，如果是打开状态，则设置 tv 显示为“喜欢”，否则显示为“不喜欢”，程序运行结果如图 3.27 所示。

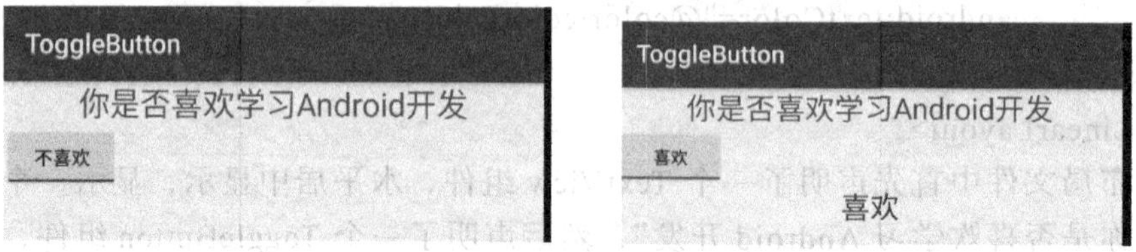

图 3.27　TollgeButton

表 3.10 列出了 Switch 常用的属性。

表 3.10　Switch 常用属性

属性	说明
android:textOn	组件打开时显示的文字
android:textOff	组件关闭时显示的文字
android:thumb	组件开关的图片
android:track	组件开关的轨迹图片
android:typeface	设置字体类型
android:switchMinWidth	开关最小宽度
android:switchPadding	设置开关与文字的空白距离
android:switchTextAppearance	设置文本的风格
android:checked	设置初始选中状态
android:splitTrack	是否设置一个间隙，让滑块与底部图片分隔(API2 及以上)
android:showText	设置是否显示开关上的文字（API 21 及以上）

下面将通过简单的示例来讲解 Switch 的使用。修改 res/layout/activity_main.xml 文件的内容，将 ToggleButton 标签替换为 Switch，其余不变，代码如下所示：

```
<Switch
        android:id="@+id/tb"
        android:layout_width="wrap_content"
        android:layout_height="wrap_content"
        android:textOn="喜欢"
```

```
            android:textOff="不喜欢"
            />
```

在 MainActivity 中替换响应的代码，程序运行结果如图 3.28 所示。

```
//需要替换的代码
ToggleButton toggleButton = (ToggleButton)this.findViewById(R.id.tb);
        //给 toggleButton 添加按钮的切换事件
        toggleButton.setOnCheckedChangeListener(new CompoundButton.
OnCheckedChangeListener() {
            @Override
            public void onCheckedChanged(CompoundButton buttonView, boolean
isChecked) {
                if(buttonView.isChecked()){
                    tv.setText("喜欢");
                }else{
                    tv.setText("不喜欢");
                }
            }
        });
//替换后的代码
 Switch switchBtn = (Switch)this.findViewById(R.id.tb);
        switchBtn.setOnCheckedChangeListener(new CompoundButton.
OnCheckedChangeListener() {
            @Override
            public void onCheckedChanged(CompoundButton buttonView, boolean
isChecked) {
                if(buttonView.isChecked()){
                    tv.setText("喜欢");
                }else{
                    tv.setText("不喜欢");
                }
            }
        });
```

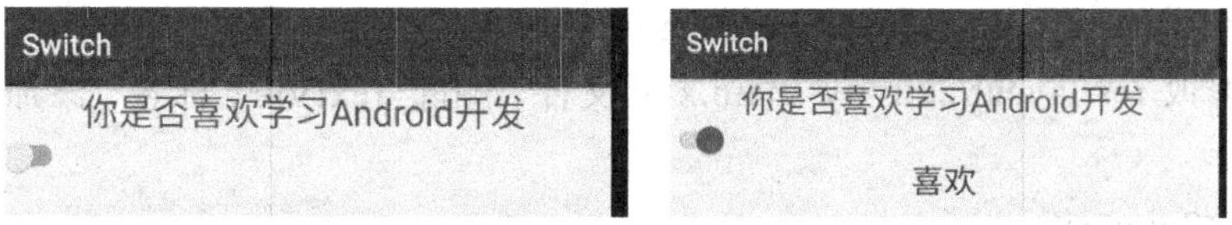

图 3.28　Switch 组件

3.2.7 微调框 Spinner

微调框 Spinner 提供一种方法，让用户可以从值集中快速选择一个值。默认状态下，微调框显示其当前所选的值。触摸微调框可显示下拉菜单，其中列有所有其他可用值，用户可从中选择一个新值，如图 3.29 所示。

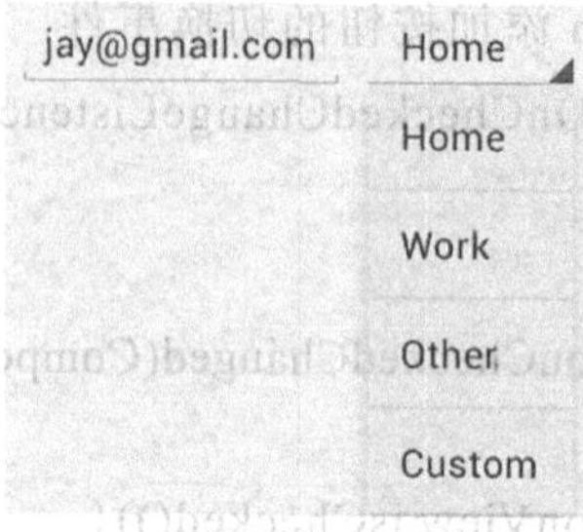

图 3.29 微调框

在布局文件中通过使用 Spinner 对象添加一个微调框。通常应在 XML 布局中使用<Spinner>元素来执行此操作，例如：

```
<Spinner
    android:id="@+id/planets_spinner"
    android:layout_width="fill_parent"
    android:layout_height="wrap_content" />
```

要使用选择列表填充微调框，还需要在 Activity 或 Fragment 源代码中指定 SpinnerAdapter。微调框提供的选择可来自任何来源，但必须通过 SpinnerAdapter 来提供，例如，如果选择可通过数组获取，则通过 ArrayAdapter 来提供；如果选择可通过数据库查询获取，则通过 CursorAdapter 来提供。

例如，如果预先确定了微调框的可用选择，则可通过字符串资源文件中定义的字符串数组来提供这些选择。表 3.11 列出了微调框常用属性。

表 3.11 微调框常用属性

属性	说明
android:spinnerMode	列表显示的模式，弹出列表(dialog)或者下拉列表(dropdown)，默认为下拉列表
android:entries	使用<string-array.../>资源配置数据源
android:prompt	对当前下拉列表设置标题，仅在 dialog 模式下有效

下面将通过简单的示例来讲解 Spinner 的使用。

（1）创建 Android 工程 SpinnerDemo，选择 Empty Activity。

（2）修改 res/layout/activity_main.xml 文件，删除 TextView 标签，添加<Spinner>标签。

```
<Spinner
    android:id="@+id/spinner"
```

```
        android:layout_width="wrap_content"
        android:layout_height="wrap_content"
        app:layout_constraintLeft_toLeftOf="parent"
        app:layout_constraintTop_toTopOf="parent"
        ></Spinner>
```

（3）在 res/values/strings.xml 文件中添加<string-array>标签，代码如下：

```
    <string-array name="country">
        <item>中国</item>
        <item>美国</item>
        <item>韩国</item>
        <item>日本</item>
</string-array>
```

（4）在 MainActivity.java 的 onCreate()方法中添加以下代码：

```
    public class MainActivity extends AppCompatActivity {
        @Override
        protected void onCreate(Bundle savedInstanceState) {
            super.onCreate(savedInstanceState);
            setContentView(R.layout.activity_main);
            Spinner spinner = (Spinner)findViewById(R.id.spinner);
            ArrayAdapter<CharSequence> adapter = ArrayAdapter.
createFromResource(this,
                    R.array.country, android.R.layout.simple_spinner_item);
adapter.setDropDownViewResource(android.R.layout.simple_spinner_dropdown_item);
            spinner.setAdapter(adapter);
        }
    }
```

（5）程序运行结果如图 3.30 所示。

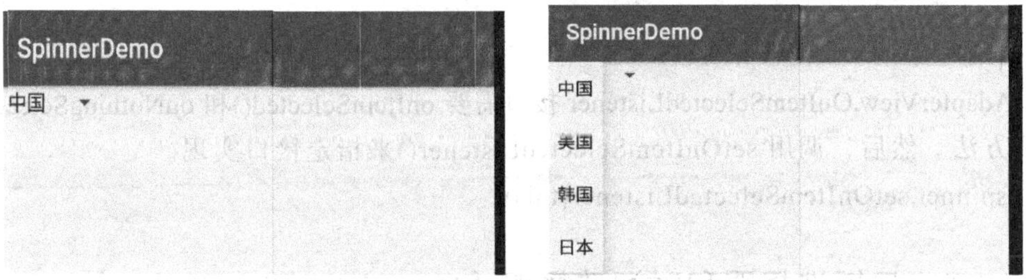

图 3.30　Spinner

在 MainActivity 的 onCreate()方法中，createFromResource()方法允许从字符串数组创建 ArrayAdapter。此方法的第二个参数为字符串数组，此方法的第三个参数是布局资源，它定义所选内容如何显示在微调框组件中。simple_spinner_item 布局由平台提供，是默认布局。然后，调用 setDropDownViewResource(int)指定适配器应用于显示微调框选择列表的布局（simple_spinner_dropdown_item 是平台定义的另一标准布局）。最后调用 setAdapter()以将适配器应用到 Spinner。

响应用户选择：当用户从下拉菜单中选择一个项目时，Spinner 对象会收到一个 on-item-selected 事件。要为微调框定义选择事件处理程序，需要实现 AdapterView.OnItemSelectedListener 接口及相应的 onItemSelected()回调方法。例如，类 MainActivity 实现 AdapterView.OnItemSelectedListener，其代码如下：

```
public class MainActivity extends AppCompatActivity implements AdapterView.
OnItemSelectedListener{
        @Override
        protected void onCreate(Bundle savedInstanceState) {
                super.onCreate(savedInstanceState);
                setContentView(R.layout.activity_main);
                Spinner spinner = (Spinner)findViewById(R.id.spinner);
                ArrayAdapter<CharSequence> adapter =
ArrayAdapter.createFromResource(this,
                        R.array.country, android.R.layout.simple_spinner_item);
adapter.setDropDownViewResource(android.R.layout.simple_spinner_dropdown_item);
                spinner.setAdapter(adapter);
                spinner.setOnItemSelectedListener(this);
        }
        @Override
        public void onItemSelected(AdapterView<?> parent, View view, int position,
long id) {
        }
        @Override
        public void onNothingSelected(AdapterView<?> parent) {
        }
}
```

AdapterView.OnItemSelectedListener 接口需要 onItemSelected()和 onNothingSelected()回调方法。然后，调用 setOnItemSelectedListener()来指定接口实现。

```
spinner.setOnItemSelectedListener(this);
```

3.2.8 日期选择器和时间选择器（DatePicker/TimePicker）

日期选择器（DatePicker）和时间选择器（TimePicker）都继承自 android.widget.FrameLayout，其默认展示风格与操作风格也类似。DatePicker 用于展示一个日期选择组件，TimePicker 用于展示一个时间选择组件。作为一个日期选择组件，DatePicker

可以通过设置属性来确定日期选择范围，也可以通过定义好的方法获取到当前选中的时间，并且在修改日期的时候，有响应的事件对其进行响应。表 3.12 列出了 DatePicker 常用属性。

表 3.12　DatePicker 常用属性

属性	说明
android:calendarViewShown	是否显示日历
android:startYear	设置可选开始年份
android:endYear	设置可选结束年份
android:maxDate	设置可选最大日期，以 mm/dd/yyyy 格式设置
android:minDate	设置可选最小日期，以 mm/dd/yyyy 格式设置

对于 DatePicker 的方法而言，除了常用获取属性的 setter、getter 方法之外，还需要特别注意一个初始化的方法——init()方法，它用于进行 DatePicker 组件的初始化，并设置日期被修改后回调的响应事件。此方法的签名如下：

```
init(int year, int monthOfYear, int dayOfMonth,
DatePicker.OnDateChangedListener onDateChangedListener)
```

从上面的 init()方法可以看出，DatePicker 被修改时响应的事件是 DatePicker.OnDateChangedListener 事件，如果要响应此事件，需要实现其中的 onDateChanged()方法，其中参数从签名即可了解意思，这里不再赘述。

```
onDateChanged(DatePicker view, int year, int monthOfYear, int dayOfMonth)
```

作为一个时间选择组件，TimePicker 除了需要使用与时间相关的 getter、setter 方法之外，还需要设置时间被修改后回调的响应事件。表 3.13 列出了 TimePicker 常用方法。

表 3.13　TimePicker 常用方法

方法名称	描述
boolean is24HourView()	判断是否为 24 h 制
void setIs24HourView(Boolean is24HourView)	设置是否为 24 h 制显示
int getHour()	返回以 24 h 制表示的当前时间
int getMinute()	返回当前时间的分钟数
void setOnTimeChangedListener(TimePicker.OnTimeChangedListener onTimeChangedListener)	设置时间被修改的回调方法

TimePicker 组件被修改的回调方法，通过 setOnTimeChangedListener()方法设置，其传递一个 TimePicker.OnTimeChangedListener 接口，需要实现其中的 onTimeChanged()方法。

下面通过一个示例来讲解这两个组件的使用，在示例中分别展示了这两个组件，并在其选择日期和时间之后，把值通过 TextView 显示在屏幕上。

（1）创建一个名称为 PickersDemo 的 Android 工程，选择 Empty Activity。

（2）修改 res/layout/activity_main.xml 文件，添加 DatePicker 和 TimePicker 组件用于显示选日期和时间，布局代码如下。程序运行结果如图 3.31 所示。

```
<?xml version="1.0" encoding="utf-8"?>
<android.support.constraint.ConstraintLayout
xmlns:android="http://schemas.android.com/apk/res/android"
    xmlns:app="http://schemas.android.com/apk/res-auto"
    xmlns:tools="http://schemas.android.com/tools"
    android:layout_width="match_parent"
    android:layout_height="match_parent"
    tools:context=".MainActivity">
        <DatePicker
            android:id="@+id/dpPicker"
            android:layout_width="match_parent"
            android:layout_height="wrap_content"
            app:layout_constraintLeft_toLeftOf="parent"
            app:layout_constraintTop_toTopOf="parent"/>
        <TimePicker
            android:id="@+id/tpPicker"
            android:layout_width="match_parent"
            android:layout_height="wrap_content"
            android:overScrollMode="ifContentScrolls"
            app:layout_constraintTop_toBottomOf="@id/dpPicker"/>
</android.support.constraint.ConstraintLayout>
```

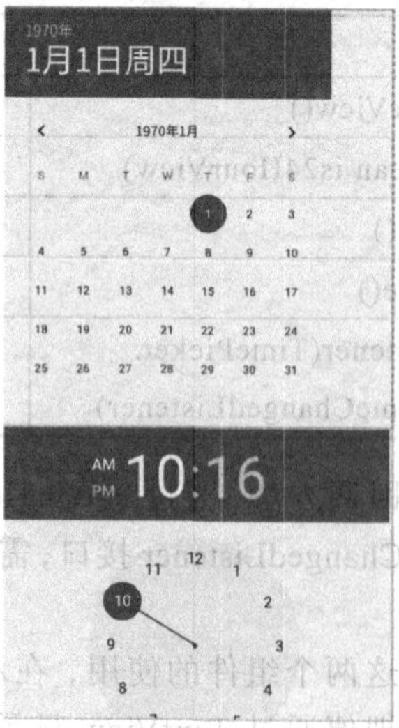

图 3.31　DatePicker 和 TimePicker 组件

3.2.9 消息框 Toast

消息框可以在一个小型弹出式窗口中提供与操作有关的简单反馈。它仅会填充消息所需的空间大小，并且当前 Activity 会一直显示，以供用户与之互动。超时后，消息框会自动消失。例如，点击电子邮件中的“发送”会触发弹出“正在发送电子邮件…”消息框，如图 3.32 所示。

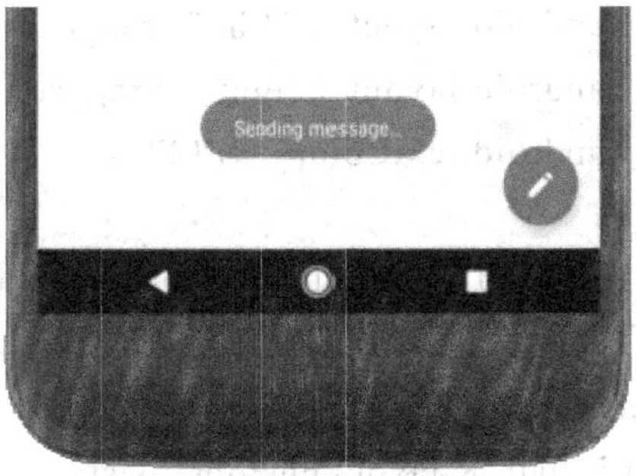

图 3.32 消息框

使用 makeText()方法实例化一个 Toast 对象。此方法包含三个参数：应用 Context、文字消息和消息框时长。它会返回一个正确初始化的 Toast 对象。可以使用 show()显示消息框通知，代码如下：

```
Context context = getApplicationContext();
CharSequence text = "Hello toast!";
int duration = Toast.LENGTH_SHORT;
Toast toast = Toast.makeText(context, text, duration);
toast.show();
```

标准消息框通知在屏幕底部附近水平居中显示。可以使用 setGravity(int, int, int)方法更改此位置。此方法接受三个参数：Gravity 常量、x 位置偏移和 y 位置偏移。

```
toast.setGravity(Gravity.TOP|Gravity.LEFT, 0, 0);
```

如果要向右移动位置，应增大第二个参数的值。要向下移动，应增大最后一个参数的值。如果简单的文字消息不够用，还可以为消息框通知创建自定义布局。要创建自定义布局，应在 XML 或应用代码中定义 View 布局，并将根 View 对象传递给 setView(View)方法。以下代码段包含消息框通知的自定义布局（可另存为 layout/custom_toast.xml 文件）：

```
<LinearLayout xmlns:android="http://schemas.android.com/apk/res/android"
              android:id="@+id/custom_toast_container"
              android:orientation="horizontal"
              android:layout_width="fill_parent"
              android:layout_height="fill_parent"
              android:padding="8dp"
```

```
              android:background="#DAAA">
        <ImageView android:src="@drawable/droid"
               android:layout_width="wrap_content"
               android:layout_height="wrap_content"
               android:layout_marginRight="8dp"/>
        <TextView android:id="@+id/text"
              android:layout_width="wrap_content"
              android:layout_height="wrap_content"
              android:textColor="#FFF"/>
</LinearLayout>
```

注意：LinearLayout 元素的 ID 是“custom_toast_container”，必须使用此 ID 和 XML 布局文件。

```
LayoutInflater inflater = getLayoutInflater();
View layout = inflater.inflate(R.layout.custom_toast,
            (ViewGroup) findViewById(R.id.custom_toast_container));
TextView text = (TextView) layout.findViewById(R.id.text);
text.setText("这是自定义布局");
Toast toast = new Toast(getApplicationContext());
toast.setGravity(Gravity.CENTER_VERTICAL, 0, 0);
toast.setDuration(Toast.LENGTH_LONG);
toast.setView(layout);
toast.show();
```

首先，使用 getLayoutInflater()[或 getSystemService()]检索 LayoutInflater。然后，使用 inflate(int,ViewGroup)扩充 XML 中的布局。第一个参数是布局资源 ID，第二个参数是根视图。可以使用此扩充后的布局，在布局中查找更多 View 对象，因此现在可以捕获并定义 ImageView 和 TextView 元素的内容。接着，使用 Toast(Context)创建一个新消息框，并设置消息框的一些属性（如时长）。随后，调用 setView(View)并向其传递扩充后的布局。最后，通过调用 show()使用自定义布局显示消息框。程序运行结果如图 3.33 所示。

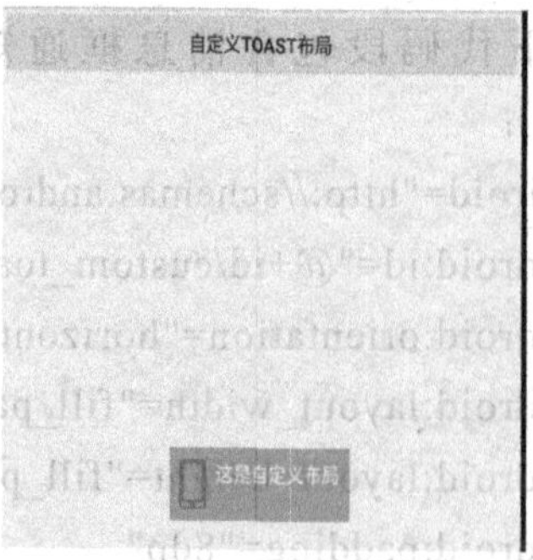

图 3.33　自定义布局

注意：除非要使用 setView(View)定义布局，否则不能将公开构造函数用于消息框。如果没有要使用的自定义布局，则必须使用 makeText(Context, int, int)创建消息框。

在程序的布局文件 activity_main.xml 中声明一个按钮，并赋予单击事件，当单击按钮时，显示自定义布局消息框。

3.2.10 对话框

对话框是提示用户作出决定或输入额外信息的小窗口。对话框不会填充屏幕，通常用于需要用户采取行动才能继续执行的模式事件。Dialog 类是对话框的基类，应该避免直接实例化 Dialog，而应该使用下列子类之一：

（1）AlertDialog：此对话框可显示标题、按钮（最多三个）、可选择项列表或自定义布局。

（2）DatePickerDialog 或 TimePickerDialog：此对话框带有允许用户选择日期或时间的预定义 UI。

以上类定义对话框的样式和结构，但应该将 DialogFragment 用作对话框的容器。DialogFragment 类提供创建对话框和管理其外观所需的所有控件，而不是调用 Dialog 对象上的方法。使用 DialogFragment 管理对话框可确保它能正确处理生命周期事件，如用户按“返回”按钮或旋转屏幕时。此外，DialogFragment 类还允许将对话框的 UI 作为嵌入式组件在较大 UI 中重复使用。

1. 创建对话框

以下示例显示了如何使用 DialogFragment 创建和管理对话框。

（1）新建一个 Android 工程并命名为“dialogDemo”，选择“Empty Activity”。

（2）在 layout/activity_main.xml 布局文件中添加一个按钮，按钮文字显示为“打开对话框”，并设置 android:onClick="openDialog"，在 MainActivity 类中实现 openDialog()方法，布局文件如下：

```
<?xml version="1.0" encoding="utf-8"?>
<android.support.constraint.ConstraintLayout xmlns:android="http://schemas.
android.com/apk/res/android"
    xmlns:app="http://schemas.android.com/apk/res-auto"
    xmlns:tools="http://schemas.android.com/tools"
    android:layout_width="match_parent"
    android:layout_height="match_parent"
    tools:context=".MainActivity">
        <Button
            android:id="@+id/openDialog"
            android:layout_width="match_parent"
            android:layout_height="wrap_content"
```

```
        android:text="打开对话框"
        app:layout_constraintLeft_toLeftOf="parent"
        app:layout_constraintTop_toTopOf="parent"
        android:onClick="openDialog"
        />
</android.support.constraint.ConstraintLayout>
```

（3）新建一个类 FireMissilesDialogFragment，继承自 DialogFragment，并在 onCreateDialog()回调方法中创建 AlertDialog，代码如下：

```
public class FireMissilesDialogFragment extends DialogFragment {
    @NonNull
    @Override
    public Dialog onCreateDialog(@Nullable Bundle savedInstanceState) {
        AlertDialog.Builder builder = new AlertDialog.Builder(getActivity());
        builder.setMessage("发送信息")
                .setPositiveButton("确定", new DialogInterface.OnClickListener(){
                    public void onClick(DialogInterface dialog, int id) {
                    }
                })
                .setNegativeButton("取消", new DialogInterface.OnClickListener() {
                    public void onClick(DialogInterface dialog, int id) {
                    }
                });
        return builder.create();
    }
}
```

（4）在 MainActivity 类的 openDialog()方法中打开对话框，代码如下：

```
public class MainActivity extends AppCompatActivity {
    @Override
    protected void onCreate(Bundle savedInstanceState) {
        super.onCreate(savedInstanceState);
        setContentView(R.layout.activity_main);
    }
    public void openDialog(View view){
        DialogFragment dialogFragment = new FireMissilesDialogFragment();
        dialogFragment.show(this.getSupportFragmentManager(),"DialogTag");
    }
}
```

在显示对话框，可以通过从 FragmentActivity 调用 getSupportFragmentManager()

或从 Fragment 调用 getFragmentManager()来获取 FragmentManager。第二个参数“DialogTag”是系统用于保存 DialogFragment 状态并在必要时进行恢复的唯一标记名称。该标记还允许通过调用 findFragmentByTag()获取 DialogFragment 的句柄。

注意：在 FireMissilesDialogFragment 类和 MainActivity 类中的 DialogFragment，应确保导入的是 android.support.v4.app.DialogFragment 类，而不是 android.app.DialogFragment。

（5）程序运行后单击“打开对话框”按钮，将出现如图 3.34 所示的界面。

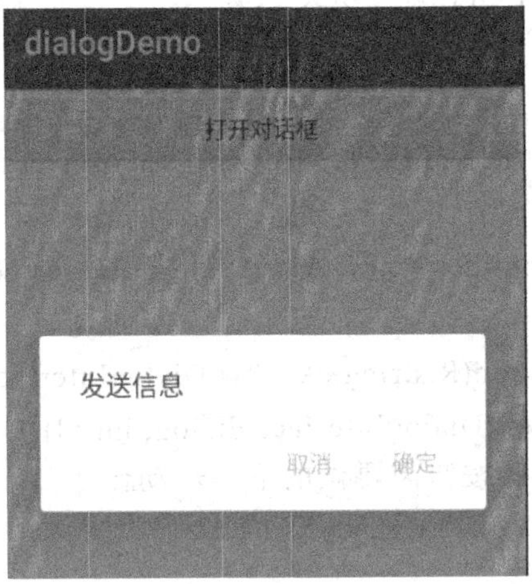

图 3.34 一个包含消息和两个操作按钮的对话框

2. 构建提醒对话框

可以通过 AlertDialog 类构建各种对话框设计。如图 3.35 所示，提醒对话框有三个区域。

（1）标题：可选项，在内容区域被详细消息、列表或自定义布局占据时使用。如果仅仅是陈述一条简单消息或问题（如图 3.34 中的对话框），则不需要标题。

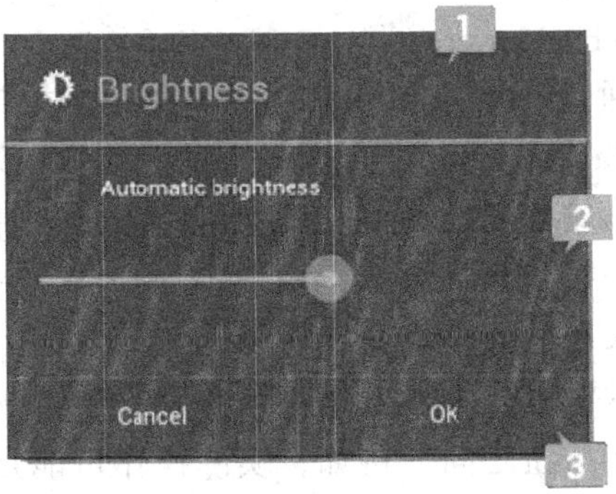

图 3.35 对话框的布局

（2）内容区域：可以显示消息、列表或其他自定义布局。

（3）操作按钮：对话框中的操作按钮不应超过三个。

AlertDialog.Builder 类提供的 API 可以创建具有以上三种内容(包括自定义布局)

的 AlertDialog。要想构建 AlertDialog，应执行以下操作：

（1）使用 AlertDialog.Builder 的构造函数初始化一个实例对象，例如：

```
AlertDialog.Builder builder = new AlertDialog.Builder(getActivity());
```

（2）将不同的 setter 方法链在一起设置对话框其他属性，例如：

```
builder.setMessage(R.string.dialog_message).setTitle(R.string.dialog_title);
```

（3）从 AlertDialog.Builder 的实例方法 create()获取 AlertDialog 对象，例如：

```
AlertDialog dialog = builder.create();
```

3. 添加按钮

要想添加如图 3.33 所示的操作按钮，可以调用 setPositiveButton()和 setNegativeButton()方法，例如：

```
AlertDialog.Builder builder = new AlertDialog.Builder(getActivity());
//添加按钮
builder.setPositiveButton(R.string.ok, new DialogInterface.OnClickListener() {
    public void onClick(DialogInterface dialog, int id) {
        //当用户单击此按钮需要做的下一步动作
    }
});
builder.setNegativeButton(R.string.cancel, new DialogInterface.OnClickListener() {
   public void onClick(DialogInterface dialog, int id) {
     //用户单击取消时候需要做的下一步动作
          }
     });
//设置对话框其他属性
//创建 AlertDialog 对象
AlertDialog dialog = builder.create();
```

在添加按钮的时候通过 set**Button()方法需要一个按钮标题（由字符串资源提供）和一个 DialogInterface.OnClickListener，后者用于定义用户按下该按钮时执行的操作。对话框中的操作按钮不应超过三个，可以添加三种不同的操作按钮：

肯定：使用此按钮来接受并继续执行操作（“确定”操作）。

否定：使用此按钮来取消操作。

中性：在用户可能不想继续执行操作，但也不一定想要取消操作时使用此按钮。它出现在肯定按钮和否定按钮之间。例如，实际操作可能是“稍后提醒我”。

对于每种按钮类型，只能为 AlertDialog 添加一个该类型的按钮。也就是说，不能添加多个“肯定”按钮。

4. 添加列表

可以通过 AlertDialog API 提供三种列表：

（1）传统单选列表；

（2）永久性单选列表（单选按钮）；

（3）永久性多选列表（复选框）。

要想创建如图 3.36 所示的单选列表，应使用 setItems()方法。以下示例展示了如何给对话框添加列表。

（1）在 res/values/string.xml 文件中添加以下数组“colorValue”和字符串“pick_color”。

```
<resources>
    <string name="app_name">DialogDemo</string>
    <string name="pick_color">选择颜色</string>
    <string-array name="colorValue">
      <item>红色</item>
    <item>蓝色</item>
    <item>绿色</item>
  </string-array>
</resources>
```

（2）修改 FireMissilesDialogFragment 类的 onCreateDialog 方法，代码如下：

```
@Override
public Dialog onCreateDialog(Bundle savedInstanceState) {
    AlertDialog.Builder builder = new AlertDialog.Builder(getActivity());
    builder.setTitle(R.string.pick_color)
        .setItems(R.array.colors_array, new DialogInterface.OnClickListener() {
            public void onClick(DialogInterface dialog, int which) {
                Resources res = getResources();
                String[] colorValue=res.getStringArray(R.array.colorValue);
            Toast.makeText(getContext(),"你选择的颜色是"+colorValue
[which],Toast.LENGTH_LONG).show();
        }
    });
    return builder.create();
}
```

（3）程序运行结果如图 3.36 所示。

在上述程序中，通过 builder 调用 setItems()给对话框添加列表选项。方法的第一个参数是列表要显示的数组，通过 R.array.colors_array 引用数组，第二个参数是匿名对象，当单击列表某一选项时要执行的动作，Resources res = getResources()；获取到资源对象，通过资源对象获取列表数组字符串，String[] colorValue=res.getStringArray(R.array.colorValue)。onClick()方法的第二个参数 which 是选择项目的数组下标。最后使用消息框 Toast 显示选择的具体列表项。

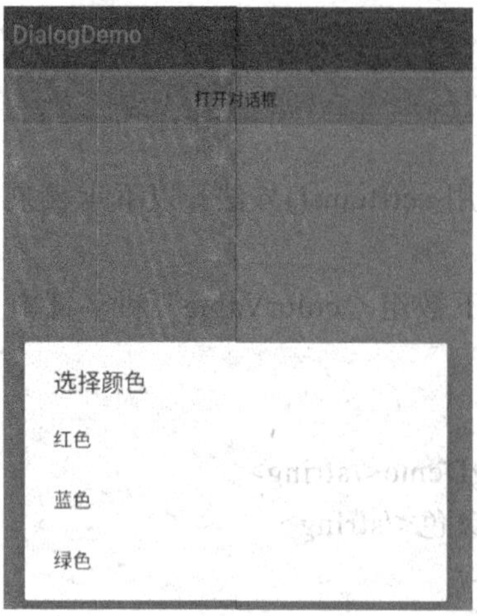

图 3.36　AlertDialog 列表以及选择列表项后的界面

要想添加多选项（复选框）或单选项（单选按钮）列表，应分别调用 setMultiChoiceItems()或 setSingleChoiceItems()方法。图 3.37 所示为多选项列表。

图 3.37　多选项列表

5. 创建自定义布局

如果想让对话框具有自定义布局，可以先创建一个布局，然后通过调用 AlertDialog.Builder 对象上的 setView()将其添加到 AlertDialog。

默认情况下，自定义布局会填充对话框窗口，但仍然可以使用 AlertDialog. Builder 方法来添加按钮和标题。以下是对话框的布局文件。程序运行结果如图 3.38 所示。

图 3.38　自定义对话框布局

```xml
<?xml version="1.0" encoding="utf-8"?>
<LinearLayout xmlns:android="http://schemas.android.com/apk/res/android"
    android:orientation="vertical"
    android:layout_width="wrap_content"
    android:layout_height="wrap_content">
    <ImageView
        android:src="@drawable/header_logo"
        android:layout_width="match_parent"
        android:layout_height="64dp"
        android:scaleType="center"
        android:background="#FFFFBB33" />
    <EditText
        android:id="@+id/username"
        android:inputType="textEmailAddress"
        android:layout_width="match_parent"
        android:layout_height="wrap_content"
        android:layout_marginTop="16dp"
        android:layout_marginLeft="4dp"
        android:layout_marginRight="4dp"
        android:layout_marginBottom="4dp"
        android:hint="@string/username" />
    <EditText
        android:id="@+id/password"
        android:inputType="textPassword"
        android:layout_width="match_parent"
        android:layout_height="wrap_content"
        android:layout_marginTop="4dp"
        android:layout_marginLeft="4dp"
        android:layout_marginRight="4dp"
        android:layout_marginBottom="16dp"
        android:fontFamily="sans-serif"
        android:hint="@string/password"/>
</LinearLayout>
```

提示：在默认情况下，如果将 EditText 元素设置为使用“textPassword”输入类型，字体系列将设置为固定宽度。因此，应该将其字体系列更改为“sans-serif”，以便两个文本字段都使用匹配的字体样式。

要扩展 DialogFragment 中的布局，可以通过 getLayoutInflater()获取一个 LayoutInflater 并调用 inflate()，其中第一个参数是布局资源 ID，第二个参数是布局的父视图。然后，调用 setView()将布局放入对话框。

```
public Dialog onCreateDialog(@Nullable Bundle savedInstanceState) {
    AlertDialog.Builder builder = new AlertDialog.Builder(getActivity());
    LayoutInflater inflater = getActivity().getLayoutInflater();
    builder.setView(inflater.inflate(R.layout.dialog_signin,null))
    .setPositiveButton(R.string.OK, new DialogInterface.OnClickListener() {
            @Override
        public void onClick(DialogInterface dialog, int which) {
            }
        })
  .setNegativeButton(R.string.cancel, new DialogInterface.OnClickListener() {
          @Override
        public void onClick(DialogInterface dialog, int which) {
        }
    });
  return builder.create();
}
```

3.2.11 菜　单

菜单是许多应用类型中常见的用户界面组件。要提供熟悉而一致的用户体验，应使用 Menu API 呈现 Activity 中的用户操作和其他选项。从 Android 3.0（API 11）开始，采用 Android 技术的设备不必再提供一个专用“菜单”按钮。随着这种改变，Android 应用需摆脱对包含 6 个项目的传统菜单面板的依赖，取而代之的是要提供一个应用栏来呈现常见的用户操作。尽管某些菜单项的设计和用户体验已发生改变，但定义一系列操作和选项所使用的语义仍是以 Menu API 为基础。以下将介绍所有 Android 版本系统中三种基本菜单或操作呈现效果的创建方法：

选项菜单和应用栏：选项菜单是某个 Activity 的主菜单项，包含对应用产生全局影响的操作，如“搜索”“撰写电子邮件”和“设置”。

上下文菜单和上下文操作模式：上下文菜单是用户长按某一元素时出现的浮动菜单。它提供的操作将影响所选内容或上下文框架。上下文操作模式在屏幕顶部栏显示影响所选内容的操作项目，并允许用户选择多项。

弹出菜单：弹出菜单将以垂直列表形式显示一系列项目，这些项目将锚定到调用该菜单的视图中。它特别适用于提供与特定内容相关的大量操作，或者为命令的另一部分提供选项。弹出菜单中的操作不会直接影响对应的内容，而上下文操作则会影响。相反，弹出菜单适用于对 Activity 中的内容区域相关的扩展操作。

1. 使用 XML 定义菜单

对于所有菜单类型，Android 提供了标准的 XML 格式来定义菜单项。在 XML 菜单资源中定义菜单及其所有项，而不是在 Activity 的代码中构建菜单。定义后，在 Activity 或 Fragment 中扩充菜单资源（将其作为 Menu 对象加载）。推荐使用菜单资源定义菜单，原因如下：

（1）更易于使用 XML 可视化菜单结构；

（2）将菜单内容与应用的行为代码分离；

（3）利用应用资源框架，为不同的平台版本、屏幕尺寸和其他配置创建备用菜单配置。

要定义菜单，需要在项目 res/menu/目录内创建一个 XML 文件，并使用以下元素构建菜单：

<menu>：定义 Menu，即菜单项的容器。<menu>元素必须是该文件的根节点，并且包含一个或多个<item>和<group>元素。

<item>：创建 MenuItem，此元素表示菜单中的一项，可能包含嵌套的<menu>元素，以便创建子菜单。

<group>：<item>元素的不可见容器（可选）。它支持对菜单项进行分类，使其共享活动状态和可见性等属性。

以下是名为 game_menu.xml 的菜单示例：

```
<?xml version="1.0" encoding="utf-8"?>
<menu xmlns:android="http://schemas.android.com/apk/res/android">
    <item android:id="@+id/new_game"
          android:icon="@drawable/ic_new_game"
          android:title="@string/new_game"
          android:showAsAction="ifRoom"/>
    <item android:id="@+id/help"
          android:icon="@drawable/ic_help"
          android:title="@string/help" />
    <item android:id="@+id/file"
          android:title="@string/file" >
        <!-- "文件" 子菜单 -->
        <menu>
            <item android:id="@+id/create_new"
                  android:title="@string/create_new" />
            <item android:id="@+id/open"
                  android:title="@string/open" />
        </menu>
    </item>
</menu>
```

<item>元素支持多个属性，使用这些属性定义菜单项的外观和行为。上述菜单中的项目包括以下属性：

android:id：项目特有的资源 ID，让应用能够在用户选择项目时识别该项目。

android:icon：引用一个要用作项目图标的可绘制对象。

android:title：引用一个要用作项目标题的字符串。

android:showAsAction：指定此项应作为操作项目显示在应用栏中的时间和方式。

如果要为 Activity 指定选项菜单，应重写 onCreateOptionsMenu()。通过此方法，可以将菜单资源（使用 XML 定义）扩充到回调中提供的 Menu 中。在 Android3.0 及更高版本，系统将在启动 Activity 时调用 onCreateOptionsMenu()，以便向应用栏显示项目，例如：

```
@Override
public boolean onCreateOptionsMenu(Menu menu) {
        MenuInflater inflater = getMenuInflater();
        inflater.inflate(R.menu.game_menu, menu);
        return true;
}
```

2. 处理菜单点击事件

从选项菜单中单击菜单项（包括应用栏中的操作项目）时，系统将调用 Activity 的 onOptionsItemSelected()方法。此方法将传递所选的 MenuItem。通过调用 getItemId()方法来识别单击的菜单项下，该方法将返回菜单项的唯一 ID[由菜单资源中的 android:id 属性定义，或通过提供给 add()方法的整型数定义]。例如：

```
@Override
public boolean onOptionsItemSelected(MenuItem item) {
        // 判断选择哪个菜单项
        switch (item.getItemId()) {
                case R.id.new_game:
                        newGame();
                        return true;
                case R.id.help:
                        showHelp();
                        return true;
                default:
                        return super.onOptionsItemSelected(item);
        }
}
```

成功处理单击菜单项事件后，系统将返回 true。如果未处理菜单项，则应调用 onOptionsItemSelected()的超类实现（默认实现将返回 false）。

Android 3.0 新增了一项功能，支持在 XML 中使用 android:onClick 属性为菜单项定义点击行为。该属性的值必须是 Activity 使用菜单定义的方法的名称。该方法必须是公用的，且接受单个 MenuItem 参数；当系统调用此方法时，它会传递所选的菜单项。

如果应用包含多个 Activity，且其中某些 Activity 提供相同的选项菜单，则可考虑创建一个仅实现 onCreateOptionsMenu()和 onOptionsItemSelected()方法的 Activity。然后，为每个应共享相同选项菜单的 Activity 继承此类。通过这种方式，可以管理一个用于处理菜单操作的代码集，且每个子级类均会继承菜单行为。若要将菜单项添加到一个子级 Activity，需要重写该 Activity 中的 onCreateOptionsMenu()。调用 super.onCreateOptionsMenu(menu)，以便创建原始菜单项，然后使用 menu.add()添加新菜单项。此外，通过覆盖父类方法还可以替代各个菜单项的超类行为。

3. 创建弹出菜单

PopupMenu 是锚定到 View 的模态菜单。如果空间足够，它将显示在定位视图下方，否则显示在其上方。它适用于：

（1）为与特定内容确切相关的操作提供溢出样式菜单（例如，Gmail 的电子邮件标头，如图 3.39 所示）。

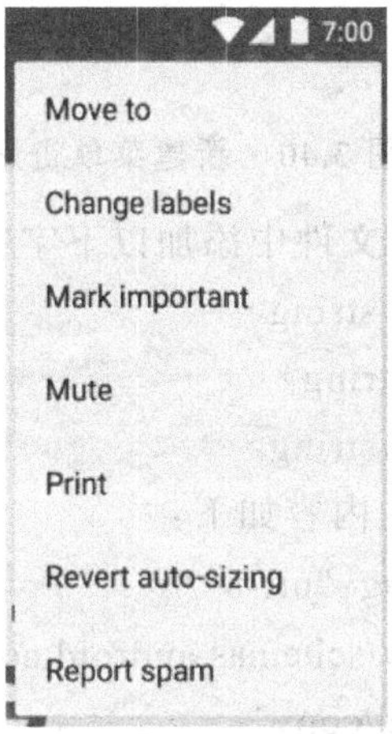

图 3.39　Gmail 应用中的弹出菜单（锚定到右上角的溢出按钮）

（2）提供命令语句的另一部分（例如，标记为“添加”且使用不同的“添加”选项生成弹出菜单的按钮）。

（3）提供类似于 Spinner 且不保留永久选择的下拉菜单。

提示：PopupMenu 在 API 11 及更高版本中可用。

4. 处理单击事件

要在用户选择菜单项时执行操作，必须实现 PopupMenu.OnMenuItemClickListener 接口，并通过调用 setOnMenuItemclickListener()将其注册到 PopupMenu。用户选择项目时，系统会在接口中调用 onMenuItemClick()回调。

以下示例讲解了如何给一个 ImageButton 添加一个弹出菜单。

（1）新建一个 Android 工程，命名为“PopupMenuDemo”，选择“Empty Activity”。

（2）右击 res 目录，新建一个文件夹并命名为 menu，右击 menu 选择“Menu resource file”菜单，将会弹出如图 3.40 所示的界面，在“File Name”框中输入 popmenu，单击“ok”按钮。

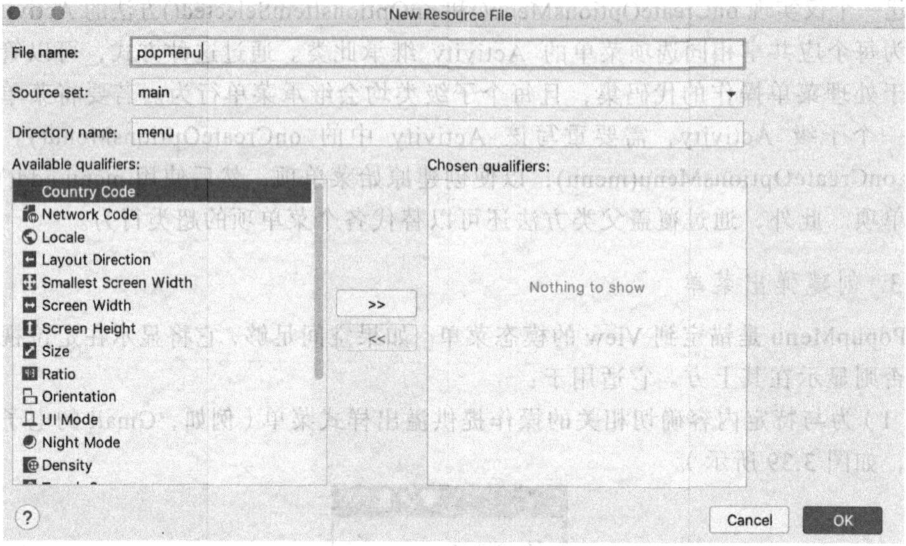

图 3.40　新建菜单资源

（3）在 res/values/string.xml 文件中添加以下字符串：

```
<string name="copy">复制</string>
<string name="cut">剪切</string>
<string name="print">打印</string>
```

（4）res/popmenu.xml 文件的内容如下：

```
<?xml version="1.0" encoding="utf-8"?>
<menu xmlns:android="http://schemas.android.com/apk/res/android">
    <item android:id="@+id/copy"
        android:title="@string/copy"
        />
    <item android:id="@+id/cut"
        android:title="@string/cut"
        />
    <item android:id="@+id/print"
        android:title="@string/print"
        />
</menu>
```

其中“@string/copy”引用的是 res/values/string.xml 文件中的“copy”字符串，

“@string/cut”引用的是 res/values/string.xml 文件中的“cut”字符串，“@string/print”引用的是 res/values/string.xml 文件中的“print”字符串。

（5）将 MainActivity 的布局文件 activity_main.xml 中的 TextView 标签替换为 ImageButton 标签，代码如下：

```
<ImageButton
        android:layout_width="wrap_content"
        android:layout_height="wrap_content"
        android:src="@drawable/device"
        android:onClick="showPopMenu"
        app:layout_constraintBottom_toBottomOf="parent"
        app:layout_constraintLeft_toLeftOf="parent"
        app:layout_constraintRight_toRightOf="parent"
        app:layout_constraintTop_toTopOf="parent" />
```

“@drawable/device”引用的是 res/drawable/device.gif 图片文件，“showPopMenu”是单击图片时的响应事件，在 MainActivity 中进行实现。

（6）在 MainActivity 类中增加“showPopMenu()”方法，代码如下：

```
public class MainActivity extends AppCompatActivity implements PopupMenu.
OnMenuItemClickListener {
    @Override
    protected void onCreate(Bundle savedInstanceState) {
        super.onCreate(savedInstanceState);
        setContentView(R.layout.activity_main);
    }
    public void showPopMenu(View view){
        PopupMenu popup = new PopupMenu(this, view);
        MenuInflater inflater = popup.getMenuInflater();
        inflater.inflate(R.menu.popmenu, popup.getMenu());
        popup.setOnMenuItemClickListener(this);
        popup.show();
    }
    @Override
    public boolean onMenuItemClick(MenuItem menuItem) {
        switch (menuItem.getItemId()) {
        case R.id.copy:
       Toast.makeText(this, "你选择了复制", Toast.LENGTH_SHORT).show();
         return true;
       case R.id.cut:
   Toast.makeText(this, "你选择了剪切", Toast.LENGTH_SHORT).show();
```

```
                return true;
            case R.id.print:
                Toast.makeText(this, "你选择了打印", Toast.LENGTH_SHORT).show();
                return true;
                default:
                return false;
                }
        }
}
```

弹出菜单显示需要经过以下 3 步骤：

（1）使用 PopupMenu 类实例化 PopupMenu，该函数将提取当前应用的 Context 以及菜单应锚定到的 View 本例为 ImageButton。

（2）使用 MenuInflater 将菜单资源扩充到 PopupMenu.getMenu()返回的 Menu 对象中。

（3）调用 PopupMenu.show()显示弹出菜单。

onMenuItemClick()方法用于选择某个菜单项触发的动作，本例中通过使用 Toast 显示选择的是哪个菜单项。程序运行结果如图 3.41 所示。

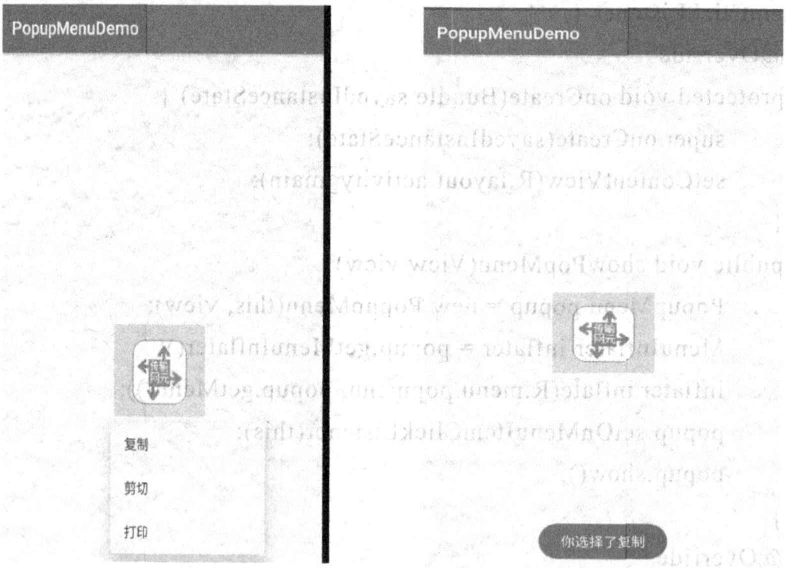

图 3.41　弹出菜单

5. 使用可选中的菜单项

作为启用/禁用选项的接口，菜单非常实用，既可针对独立选项使用复选框，也可针对互斥选项组使用单选按钮。图 3.42 显示了一个子菜单，其中的项目可使用单选按钮选中。

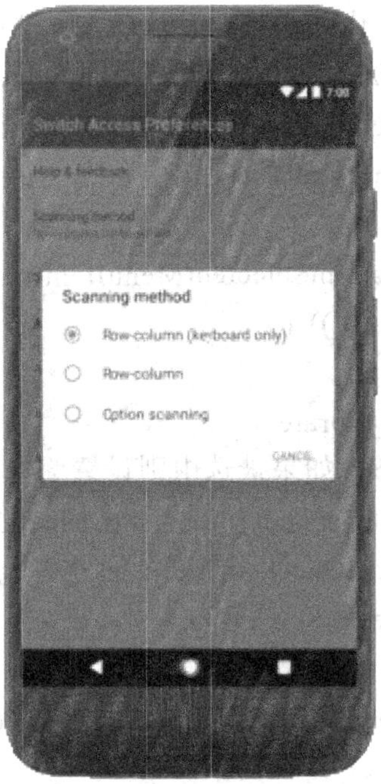

图 3.42　单选菜单项

注：“图标菜单”（在选项菜单中）的菜单项无法显示复选框或单选按钮。如果选择使“图标菜单”中的项目可选中，则必须在选中状态每次发生变化时改变图标和/或文本，从而能够看到状态的变化。

使用<item>元素中的 android:checkable 属性为各个菜单项定义可选中的行为。或者使用<group>元素中的 android:checkableBehavior 属性为整个组定义可选中的行为。例如，此菜单组中的所有项目均可使用单选按钮选中：

```
<?xml version="1.0" encoding="utf-8"?>
<menu xmlns:android="http://schemas.android.com/apk/res/android">
    <group android:checkableBehavior="single">
        <item android:id="@+id/red"
              android:title="@string/red" />
        <item android:id="@+id/blue"
              android:title="@string/blue" />
    </group>
</menu>
```

android:checkableBehavior 属性接受以下任一选项：

（1）single：组中只有一个项目可以选中（单选按钮）；

（2）all：所有项目均可选中（复选框）；

（3）none：所有项目均无法选中。

使用<item>元素中的 android:checked 属性将默认的选中状态应用于菜单选项，

并可使用 setChecked()方法在代码中更改默认状态。选择可选中菜单项目后，系统将调用所选项目的相应回调方法（如 onOptionsItemSelected()）。此时，必须设置复选框的状态，因为复选框或单选按钮不会自动更改其状态。使用 isChecked()查询项目的当前状态，然后使用 setChecked()设置选中状态。例如：

```
@Override
public boolean onOptionsItemSelected(MenuItem item) {
    switch (item.getItemId()) {
        case R.id.vibrate:
        case R.id.dont_vibrate:
//判断菜单项目选中状态，如果被选中则设置为未选中，否则设置未选中
            if (item.isChecked()) item.setChecked(false);
            else item.setChecked(true);
            return true;
        default:
            return super.onOptionsItemSelected(item);
    }
}
```

3.2.12 应用栏

应用栏也称操作栏，是应用活动中最重要的一项设计元素，因为它为用户提供了熟悉的视觉结构和交互元素。应用栏可让我们开发的应用与其他 Android 应用保持一致，允许用户快速了解如何使用该应用并获得一流的体验，如图 3.43 所示。应用栏的主要功能包括：

（1）一个专用区域，可以标识应用并指示用户在应用中的位置。

（2）以可预测的方式访问搜索等重要操作。

（3）支持导航和视图切换（通过标签页或下拉列表）。

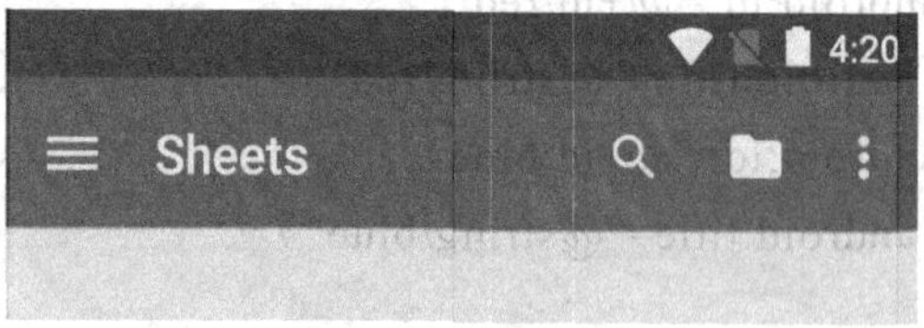

图 3.43 应用栏

从 Android 3.0（API 11）开始，所有使用默认主题的 Activity 均使用 ActionBar 作为应用栏。不过，经过不同 Android 版本的演化，应用栏功能已逐渐添加到原生 ActionBar 中。因此，原生 ActionBar 的行为会随设备使用的 Android 系统的版本而发生变化。相比之下，最新功能已添加到支持库版本的 Toolbar 中，并且这些功能可以在任何能够使用该支持库的设备上使用。因此，使用支持库的 Toolbar 类来实现

Activity 的应用栏。使用支持库的工具栏有助于确保应用在最大范围的设备上保持一致的行为。例如，Toolbar 小部件能够在运行 Android 2.1（API 7）或更高版本的设备上提供 Material Design 体验，但除非设备运行的是 Android 5.0（API 21）或更高版本，否则原生操作栏不会支持 Material Design。

以下步骤说明了如何将 Toolbar 设置为 Activity 的应用栏：

（1）新建工程 ToolbaDemo，主 Activity 继承自 AppCompatActivity。

（2）在项目中添加 v7 appcompat 支持库。在 build.gradle(Module:app)文件中在 v7 appcompat 支持库中添加 build.gradle(Module:app)文件的 dependencies 部分，例如：

```
dependencies {
        ...
        implementation 'com.android.support:appcompat-v7:28.0.0'
}
```

（3）在应用清单文件 AndroidManifest.xml 中，将<application>元素设置为使用 appcompat 的其中一个 NoActionBar 主题。使用这些主题中的一个可以防止应用使用原生 ActionBar 类提供应用栏。例如：

```
<application
android:theme="@style/Theme.AppCompat.Light.NoActionBar"
/>
```

（4）向 MainActivity 的布局添加一个 Toolbar。以下布局代码用于添加一个 Toolbar 并将其浮动在 Activity 之上，然后将工具栏定位在 Activity 布局的顶部。

```
<android.support.v7.widget.Toolbar
    android:id="@+id/my_toolbar"
    android:layout_width="match_parent"
    android:layout_height="?attr/actionBarSize"
    android:background="?attr/colorPrimary"
    android:elevation="4dp"
    android:theme="@style/ThemeOverlay.AppCompat.ActionBar"
    app:popupTheme="@style/ThemeOverlay.AppCompat.Light"
    app:layout_constraintTop_toTopOf="parent"
    />
```

（5）在 Activity 的 onCreate()方法中，调用 Activity 的 setSupportActionBar()方法，然后传递 Activity 的工具栏。该方法会将工具栏设置为 Activity 的应用栏，例如：

```
public class MainActivity extends AppCompatActivity {
@Override
protected void onCreate(Bundle savedInstanceState) {
    super.onCreate(savedInstanceState);
    setContentView(R.layout.activity_main);
    Toolbar myToolbar = (Toolbar) findViewById(R.id.my_toolbar);
```

```
        setSupportActionBar(myToolbar);
    }
}
```

将工具栏设置为Activity的应用栏后，可以访问v7 appcompat支持库的ActionBar类提供的各种实用方法。可以通过此方法执行许多有用的操作，如隐藏或显示应用栏。要使用 ActionBar 实用方法，应调用 Activity 的 getSupportActionBar()方法。此方法将返回对 appcompat ActionBar 对象的引用。获得该引用后，就可以调用任何一个 ActionBar 方法来调整应用栏。例如，要隐藏应用栏，可以调用 hide()方法。

（6）在工程的 res 目录右击 menu 目录，再右击 menu 目录新建“Menu resource file”并命名为“toolbar_items”。在文件中输入如下代码：

```
<?xml version="1.0" encoding="utf-8"?>
<menu xmlns:android="http://schemas.android.com/apk/res/android"
    xmlns:app="http://schemas.android.com/apk/res-auto">
    <item android:id="@+id/fav"
            android:title="@string/fav"
            app:showAsAction="ifRoom"
            />
    <item android:id="@+id/action_settings"
            android:title="@string/setting"
            app:showAsAction="never"/>
</menu>
```

其中@string/fav 和@string/setting 分别引用 res/values/strings.xml 文件中定义的 fav 和 setting 变量，代码如下：

```
<resources>
    <string name="app_name">ToolbaDemo</string>
    <string name="fav">标记</string>
    <string name="setting">设置</string>
</resources>
```

（7）在 MainActivity 中覆盖以下方法，程序运行结果如图 3.44 所示。

```
    @Override
    public boolean onCreateOptionsMenu(Menu menu) {
        this.getMenuInflater().inflate(R.menu.toolbar_items,menu);
        return super.onCreateOptionsMenu(menu);
    }
    @Override
    public boolean onOptionsItemSelected(MenuItem item) {
        switch (item.getItemId()) {
            case R.id.action_settings:
```

```
                Toast toast = Toast.makeText(this,"你选择的是"+item.getTitle(),
Toast.LENGTH_SHORT);
                toast.setGravity(Gravity.TOP|Gravity.LEFT, 0, 180);
                toast.show();
            case R.id.fav:
                Toast toast1 = Toast.makeText(this,"你选择的是"+item.getTitle(),
Toast.LENGTH_SHORT);
                toast1.setGravity(Gravity.TOP|Gravity.LEFT, 0, 180);
                toast1.show();
                return true;
            default:
                return super.onOptionsItemSelected(item);
        }
    }
```

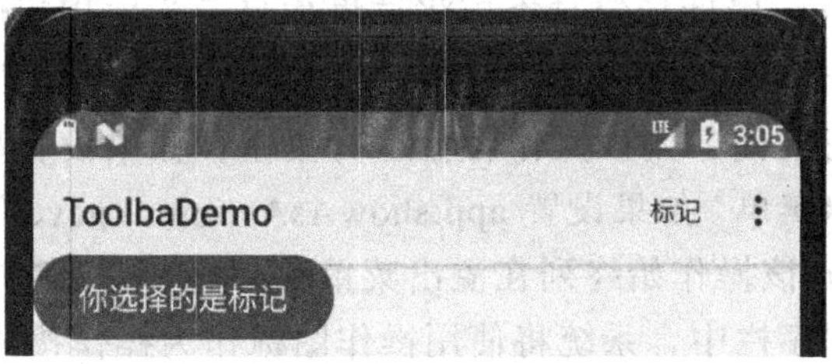

图 3.44　应用栏按钮及响应动作

1. 给应用栏添加按钮和响应按钮事件

应用程序栏允许为用户操作添加按钮。此功能允许将当前上下文最重要的操作放在应用程序的顶部。例如，当用户查看相册时，照片浏览应用程序可能会在顶部显示共享和创建相册按钮；当用户查看单张照片时，应用程序可能会显示裁剪和筛选按钮。

应用程序栏中的空间有限。如果应用程序声明的操作超过了应用程序栏中所能容纳的数量，那么应用程序栏会将多余的操作发送到溢出菜单。应用程序还可以指定操作应始终显示在溢出菜单中，而不是显示在应用程序栏上。如图 3.45 显示了一个带有单个操作按钮和溢出菜单的应用程序栏。

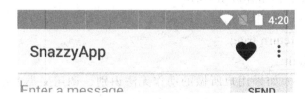

图 3.45　一个带有单个操作按钮和溢出菜单的应用程序栏

操作按钮以其他一些项目都在 XML 菜单资源中定义，可以在项目的 res/menu/

目录中创建一个新的 XML 文件。为要包含在操作栏中的每个项添加一个<item>元素，代码如下：

```
<menu xmlns:android="http://schemas.android.com/apk/res/android" >
    <!-- "action_favorite", 尽可能显示在应用栏 -->
    <item
        android:id="@+id/action_favorite"
        android:icon="@drawable/ic_favorite_black_48dp"
        android:title="@string/action_favorite"
        app:showAsAction="ifRoom"/>
    <!--设置菜单，作出溢出菜单显示-->
    <item android:id="@+id/action_settings"
          android:title="@string/action_settings"
          app:showAsAction="never"/>
</menu>
```

app:showAsAction 属性指定是否应将该操作显示为应用程序栏上的按钮。当设置 app:showAsAction=“if room”（如示例代码“action_favorite”操作中所示）时，如果应用程序栏中有空间，则该操作将显示为按钮；如果没有足够的空间，则多余的操作将发送到溢出菜单。如果设置 app:showAsAction=“never”（如示例代码的“设置”操作中所示），则该操作始终列在溢出菜单中，而不是显示在应用程序栏中。如果操作显示在应用程序栏中，系统将使用操作图标作为操作按钮。

当用户在应用程序栏中选择了某一项时，系统调用 onOptionsItemSelected()回调方法，并传递一个 MenuItem 对象来指示单击了哪个项。在 onOptionsItemSelected（ ）的实现中，调用 getItemId()方法来确定按下了哪个项。返回的 ID 与在相应的<item>元素的 android:id 属性中声明的值匹配。

```
@Override
public boolean onOptionsItemSelected(MenuItem item) {
    switch (item.getItemId()) {
        case R.id.action_settings:
            // 用户选择了“设置”item，执行相关的操作
            return true;
        case R.id.action_favorite:
            // 当用户选择“Favorite”按钮,执行相关的操作
            return true;
        default:
            // 如果用户所做的动作无法识别，调用父类方法处理
            return super.onOptionsItemSelected(item);
    }
}
```

2. 给应用栏添加“向上”按钮

应用程序应该让用户很容易找到返回应用程序主屏幕的方法。做到这一点的一个简单方法是在应用程序栏上为除主活动以外的所有活动提供一个向上按钮。当用户选择向上按钮时，应用程序将导航到父活动。

要支持活动中的向上功能，需要声明活动的父级。通过在应用程序清单的<activity>中设置 android:parentActivityName 属性。android:parentActivityName 属性在 android 4.1（API 16）中引入。要支持旧版本 Android 的设备，需定义一个<meta data>name-value 对，其中名称为“android.support.parent_activity”，值为父活动的名称。例如，假设应用程序中有一个名为“mainActivity”的主活动和一个子活动。以下代码声明两个活动，并指定父/子关系：

```
<application ... >
    <!-- 主 Activity(没有父 Acitivity) -->
    <activity
        android:name="com.example.myfirstapp.MainActivity" ...>
        ...
    </activity>
    <!-- 一个子 Activity -->
    <activity
        android:name="com.example.myfirstapp.MyChildActivity"
        android:label="@string/title_activity_child"
  android:parentActivityName="com.example.myfirstapp.MainActivity" >
        <!-- 支持 4.0 及以下版本 -->
        <meta-data
            android:name="android.support.PARENT_ACTIVITY"
            android:value="com.example.myfirstapp.MainActivity" />
    </activity>
</application>
```

要为具有父活动的活动启用“向上”按钮，需要调用应用程序栏的 setDisplayHomeAsupEnabled()方法。例如，以下代码在 onCreate()方法将工具栏设置为 myChildActivity 的应用程序栏，然后启用该应用程序栏的“向上”按钮：

```
@Override
protected void onCreate(Bundle savedInstanceState) {
    super.onCreate(savedInstanceState);
    setContentView(R.layout.activity_my_child);
    Toolbar myChildToolbar =
        (Toolbar) findViewById(R.id.my_child_toolbar);
    setSupportActionBar(myChildToolbar);
```

```
    ActionBar ab = getSupportActionBar();
    // Enable 向上按钮
    ab.setDisplayHomeAsUpEnabled(true);
}
```

3. 使用动作视图和动作提供器

V7 AppCompat 支持库工具栏为用户与应用程序交互提供了几种不同的方式。前面讲述了如何定义一个操作，它可以是一个按钮或一个菜单项。接下来的内容将介绍如何添加两个通用组件：

（1）操作视图是在应用程序栏中提供丰富功能的操作。例如，搜索操作视图允许用户在应用程序栏中键入搜索文本，而不必更改活动或片段。

（2）动作提供器是一个具有自己自定义布局的动作。该操作最初显示为按钮或菜单项，但当用户单击该操作时，操作提供程序以开发者想要定义的任何方式控制该操作的行为。例如，操作提供器可以通过显示菜单来响应单击。

Android 支持库提供了几个专门的操作视图和操作程序小部件。例如，SearchView 小部件实现用于输入搜索查询的操作视图，ShareActionProvider 小部件实现用于与其他应用程序共享信息的操作提供程序。同时也可以定义自己的操作视图和操作提供程序。

4. 在应用栏添加操作视图

要添加操作视图，在工具栏的菜单资源中创建一个<item>元素，如添加操作按钮所述。将以下两个属性之一添加到<item>元素：

actionViewClass：实现操作视图的类。

actionLayout：描述操作组件的布局资源。

将 showASaction 属性设置为“ifroom|collapseActionView”或“never|collapseActionView”。collapseActionView 标志指示当用户不与其交互时如何显示小部件：如果小部件位于应用程序栏上，应用程序应将小部件显示为图标；如果小部件在溢出菜单中，应用程序应将小部件显示为菜单项。当用户与操作视图交互时，它将展开填充应用程序栏。例如，以下代码将 SearchView 小部件添加到应用程序栏：

```
<item android:id="@+id/action_search"
      android:title="@string/action_search"
      android:icon="@drawable/ic_search"
      app:showAsAction="ifRoom|collapseActionView"
      app:actionViewClass="android.support.v7.widget.SearchView" />
```

如果用户没有与小部件进行交互，应用程序将小部件显示为 android:icon 指定的图标（如果应用程序栏中没有足够的空间，应用程序会将该操作添加到溢出菜单）。当用户点击图标或菜单项时，小部件会展开以填充工具栏，允许用户与之交互。

在 ToolbaDemo 工程的 res/menu/toolbar_items.xml 文件中追加以下内容：

```
<item android:id="@+id/action_search"
        android:title="@string/action_search"
        android:icon="@android:drawable/ic_menu_search"
        app:showAsAction="ifRoom|collapseActionView"
        app:actionViewClass="android.support.v7.widget.SearchView" />
```

在 res/values/strings.xml 文件中定义：

```
<string name="action_search">查找</string>
```

程序运行结果如图 3.46 所示。

图 3.46　当用户单击操作视图的查找图标时，视图的 UI 将填充工具栏

如果需要对操作进行配置，可以在 onCreateOptionsMenu()回调方法中进行配置。可以通过调用 getActionView()方法来获取操作视图的对象引用。例如，以下代码获取上一代码示例中定义的 SearchView 小部件的对象引用：

```
@Override
public boolean onCreateOptionsMenu(Menu menu) {
    getMenuInflater().inflate(R.menu.toolbar_items, menu);
    MenuItem searchItem = menu.findItem(R.id.action_search);
    SearchView searchView =
            (SearchView) searchItem.getActionView();
//在这里配置查询信息以及增加事件监听
    return super.onCreateOptionsMenu(menu);
}
```

5. 在应用栏添加操作提供器

要声明操作提供程序，需要在工具栏的菜单资源中创建一个<item>元素，如添加操作按钮中所述。添加 actionProviderClass 属性，并将其设置为操作提供器类的完全限定类名。例如，以下代码声明了一个 ShareActionProvider，它是在支持库中定义的一个小部件，允许该应用程序与其他应用程序共享数据：

```
<item android:id="@+id/action_share"
    android:title="@string/share"
    app:showAsAction="ifRoom"
    app:actionProviderClass="android.support.v7.widget.ShareActionProvider"/>
```

不需要为 ShareActionProvider 声明图标，因为它有自己的 icon。

3.3 高级组件

3.3.1 RecyclerView

如果应用程序需要显示基于大数据集（或经常更改的数据）的元素滚动列表，则应使用 RecyclerView。RecyclerView 是一个更高级和更灵活的 ListView。

RecyclerView 是 Android 5.0 提出的新 UI 控件，位于 support-v7 包中，向下兼容到 Android 3.0 版本，在很多列表场景中能替代 ListView 和 GridView。RecyclerView 仅仅维护少量的 View 并且可以展示大量的数据集。RecyclerView 用以下两种方式简化了数据的展示和处理：

（1）使用 LayoutManager 来确定每一个 item 的排列方式。

（2）为增加和删除项目提供默认的动画效果。

可以自定义 LayoutManager 和添加/删除动画。RecyclerView 项目的结构如图 3.47 所示。

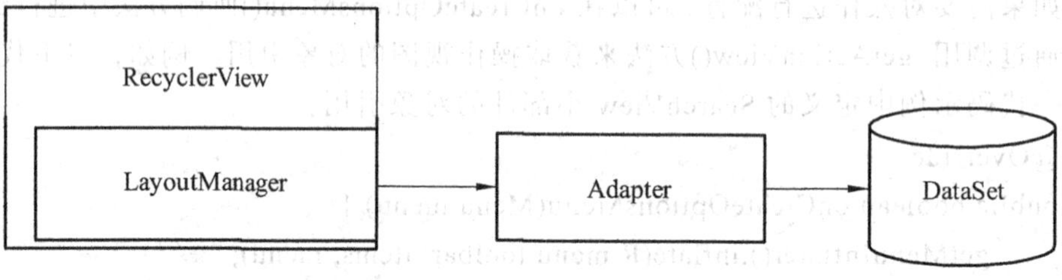

图 3.47 RecyclerView 项目的结构

Adapter：使用 RecyclerView 之前，需要一个继承自 RecyclerView.Adapter 的适配器，作用是将数据与每一个 item 的界面进行绑定。

LayoutManager：用来确定每一个 item 如何进行排列摆放，何时展示和隐藏。回收或重用一个 View 时，LayoutManager 会向适配器请求新的数据来替换旧的数据，这种机制避免了创建过多的 View 和频繁地调用 findViewById 方法。目前 SDK 中提供了三种自带的 LayoutManager：

（1）LinearLayoutManager：线性布局管理器；

（2）GridLayoutManager：网格布局管理器；

（3）StaggeredGridLayoutManager：错列网格布局管理器。

RecyclerView 模型做了很多优化工作：

首次填充列表时，它会在列表的任一侧创建并绑定一些 ViewHolder。例如，

如果视图显示列表位置 0 ~ 9，则 RecyclerView 将创建并绑定这些 ViewHolder，还可能创建并绑定位置 10 的 ViewHolder。这样，如果用户滚动列表，下一个元素就可以显示了。

当用户滚动列表时，RecyclerView 会根据需要创建新的 ViewHolder。它还保存了从屏幕上滚动出来的视图保持架，因此可以重用它们。如果用户改变了滚动的方向，那么从屏幕上滚动出来的视图保持架就可以被带回来。另一方面，如果用户继续向同一方向滚动，则屏幕外最长的视图架可以重新绑定到新数据。ViewHolder 不需要被创建或使其视图膨胀；相反，应用程序只是更新视图的内容以匹配它绑定到的新项目。

当显示的项发生更改时，可以通过调用适当 RecyclerView.Adapter.Notify…()方法通知适配器。然后，适配器的内置代码仅重新绑定受影响的项。

1. 使用 RecyclerView

以下示例演示了如何使用 RecyclerView。

（1）新建工程，命名为“RecyclerViewDemo”，主 Activity 继承自 Activity。

（2）打开应用程序模块的 build.gradle 文件，将支持库添加到依赖项部分，代码如下：

```
dependencies {
    implementation 'com.android.support:recyclerview-v7:28.0.0'
}
```

（3）修改 MainActivity 的布局文件，将 RecyclerView 添加到布局文件中，代码如下：

```
<android.support.v7.widget.RecyclerView
    android:id="@+id/my_recycler_view"
    android:scrollbars="vertical"
    android:layout_width="match_parent"
    android:layout_height="match_parent"/>
```

（4）将 RecyclerView 添加到布局后，获取 RecyclerView 对象的句柄，将其连接到布局管理器，并为要显示的数据附加适配器。

```
public class MainActivity extends AppCompatActivity {
    private RecyclerView recyclerView;//声明 RecyclerView 对象
    private RecyclerView.Adapter mAdapter;//什么适配器对象
    private RecyclerView.LayoutManager layoutManager;//什么布局管理器
    @Override
    protected void onCreate(Bundle savedInstanceState) {
        super.onCreate(savedInstanceState);
        setContentView(R.layout.activity_main);
```

```
        //初始化 RecyclerView 对象
        recyclerView = (RecyclerView) findViewById(R.id.my_recycler_view);
        recyclerView.setHasFixedSize(true);
        // 使用线性布局
        layoutManager = new LinearLayoutManager(this);
        recyclerView.setLayoutManager(layoutManager);
    }
}
```

（5）添加列表适配器：要显示数据必须新建一个适配器并继承自 RecyclerView.Adapter，下面的示例介绍了一个简单的数据集实现，该数据集使用 textview 显示的字符串数组数据。

```
public class MyAdapter extends RecyclerView.Adapter<MyAdapter.MyViewHolder> {
private String[] mDataset;
//构造函数
    public MyAdapter(String[] myDataset) {
        mDataset = myDataset;
}
    public class MyViewHolder extends RecyclerView.ViewHolder {
        public TextView textView;
        public MyViewHolder(TextView v) {
            super(v);
            textView = v;
        }
    }
    @NonNull
    @Override
   public MyViewHolder onCreateViewHolder(@NonNull ViewGroup viewGroup,
int i){
        TextView v = (TextView) LayoutInflater.from(viewGroup.getContext())
                .inflate(android.R.layout.simple_list_item_1, viewGroup, false);
        MyViewHolder vh = new MyViewHolder(v);
        return vh;
    }
    @Override
   public void onBindViewHolder(@NonNull MyViewHolder viewHolder, int i) {
        viewHolder.textView.setText(mDataset[i]);
    }
```

```
    @Override
    public int getItemCount() {
        return mDataset.length;
    }
}
```

布局管理器调用适配器的 onCreateViewHolder()方法。该方法需要构造一个 RecyclerView.ViewHolder 对象，并设置用于显示其内容的视图。函数返回类型必须与适配器类签名中声明的类型匹配。通常，通过 XML 布局文件来设置每一行显示数据的视图。因为 ViewHolder 尚未分配给任何特定的数据，所以该方法实际上并不设置视图的内容。然后布局管理器将 MyViewHolder 对象绑定到数据。通过调用适配器的 onBindViewHolder()方法并传递 ViewHolder 在 RecyclerView 中的位置来实现。onbindViewholder()方法需要获取适当的数据，并使用它来填充 ViewHolder 的布局。在本方法中通过获取到 Viewholder 的 textView 对象，设置要显示具体的数据，方法中的 i 参数代表显示数组的第几个数据（值从 0 开始）。如果列表需要更新，应对 recyclerview.adapter 对象调用通知方法，如 notifyItemChanged()，接着布局管理器重新绑定任何受影响的 ViewHolder，允许更新其数据。

（6）在第（4）步的基础上，在 recyclerView.setLayoutManager(layoutManager); 代码下面新建一个数组并初始化数据，然后初始化适配器，绑定到 RecyclerView 对象，显示数据，代码如下：

```
String []countries = new String[]{"中国","韩国","日本","美国","法国","德国"};
        MyAdapter adapter = new MyAdapter(countries);
        recyclerView.setAdapter(adapter);
```

（7）程序运行结果如图 3.48 所示。

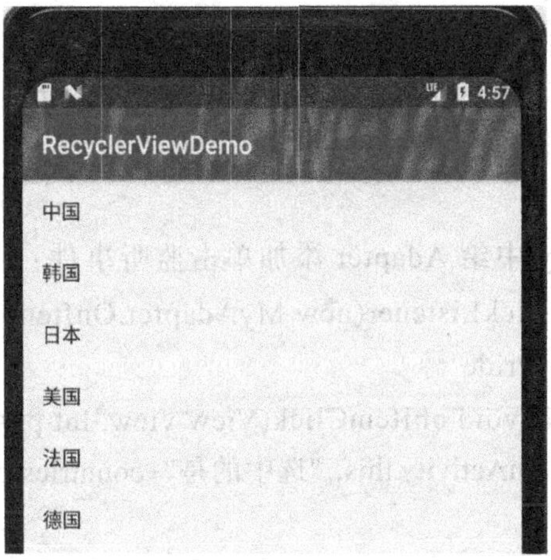

图 3.48　RecyclerView 显示列表数据

2. RecyclerView 实现 item 点击事件

RecyclerView 中每个 Item 的点击事件并不像 ListView 一样封装在组件中，需要

Item 的单击事件时就需要自己去实现。在 Adapter 中为 RecyclerView 添加单击事件参考步骤如下：

（1）在 MyAdapter 类中定义单击事件的回调接口：

```
public interface OnItemClickListener{
    //参数（当前单击的 View,View 的位置）
    void onItemClick(View view, int position);
}
```

（2）在 MyAdapter 类中声明该接口，并提供 setter 方法：

```
private OnItemClickListener onItemClickListener;
public void setOnItemClickListener(OnItemClickListener onItemClickListener){
    this.onItemClickListener = onItemClickListener;
}
```

（3）在 MyViewHolder 类实现 View.OnClickListener 接口，并重写 onClick(View view)方法，然后设置给接口的事件监听：

```
    public class MyViewHolder extends RecyclerView.ViewHolder implements View.
OnClickListener{
            public TextView textView;
            public MyViewHolder(TextView v) {
                super(v);
                textView = v;
                this.textView.setOnClickListener(this);
            }
            @Override
            public void onClick(View v) {
                onItemClickListener.onItemClick(v, getPosition());
            }
}
```

（4）在 MainActivity 中给 Adapter 添加单击监听事件：

```
  adapter.setOnItemClickListener(new MyAdapter.OnItemClickListener() {
                @Override
                public void onItemClick(View view, int position) {
    Toast.makeText(MainActivity.this, "选中的是"+countries[position], Toast.LENGTH_
SHORT).show();
                }
            });
```

（5）程序运行结果如图 3.49 所示。

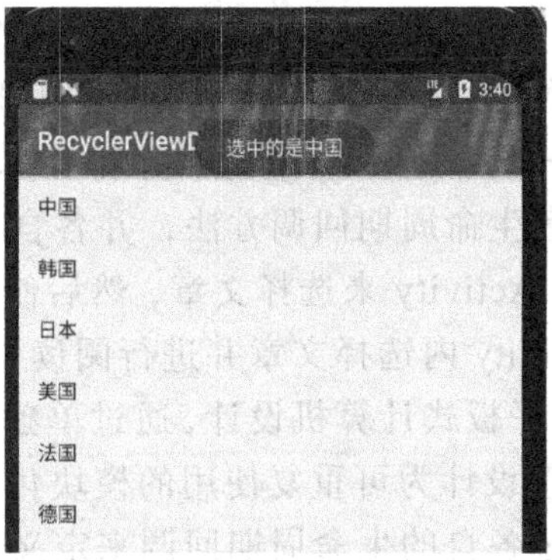

图 3.49　RecyclerView 中实现 item 点击事件

3.3.2　Fragment

Fragment 表示 Activity 中的行为或用户界面部分。可以将多个 Fragment 组合在一个 Activity 中来构建多窗格 UI，以及在多个 Activity 中重复使用某个 Fragment。可以将 Fragment 视为 Activity 的模块化组成部分，它具有自己的生命周期，能接收自己的输入事件，并且可以在 Activity 运行时添加或移除 Fragment。

Fragment 必须始终嵌入 Activity 中，其生命周期直接受宿主 Activity 生命周期的影响。例如，当 Activity 暂停时，其中的所有 Fragment 也会暂停；当 Activity 被清理时，所有 Fragment 也会被清理。不过，当 Activity 正在运行（处于已恢复生命周期状态）时，可以独立操纵每个 Fragment，如添加或移除它们。当执行此类 Fragment 事务时，也可以将其添加到由 Activity 管理的返回栈——Activity 中的每个返回栈条目都是一条已发生 Fragment 事务的记录。返回栈让用户可以通过按返回按钮撤销片段事务（后退）。

当将 Fragment 作为 Activity 布局的一部分添加时，它存在于 Activity 视图层次结构的某个 ViewGroup 内部，并且 Fragment 会定义自己的视图布局。可以通过在 Activity 的布局文件中声明 Fragment，将其作为<fragment>元素插入 Activity 布局中，或者通过将其添加到某个现有 ViewGroup，利用程序进行插入。不过，Fragment 并非必须成为 Activity 布局的一部分；还可以将没有自己 UI 的 Fragment 用作 Activity 的不可见工作线程。

以下内容将讲解如何在开发应用时使用 Fragment，包括将 Fragment 添加到 Activity 返回栈时如何保持其状态、如何与 Activity 及 Activity 中的其他 Fragment 共享事件、如何为 Activity 的操作栏发挥作用等。

1. Fragment 设计原理

Android 在 Android 3.0（API 11）中引入了 Fragment，主要是为了给大屏幕（如平板式计算机）提供更加动态和灵活的 UI 设计。平板式计算机的屏幕比手机的屏幕大得多，因此可用于组合和交换 UI 组件的空间更大。利用 Fragment 实现此类设计时，无须管理对视图层次结构的复杂更改。通过将 Activity 布局分成 Fragment，就可以在运行时修改 Activity 的外观，并在由 Activity 管理的返回栈中保留这些更改。

例如，新闻应用可以使用一个 Fragment 在左侧显示文章列表，使用另一个 Fragment 在右侧显示文章——两个 Fragment 并排显示在一个 Activity 中，每个 Fragment 都具有自己的一套生命周期回调方法，并各自处理自己的用户输入事件。因此，用户不需要使用一个 Activity 来选择文章，然后使用另一个 Activity 来阅读文章，而是可以在同一个 Activity 内选择文章并进行阅读，如图 3.50（a）所示，通过组合成一个 Activity 来适应平板式计算机设计，通过单独 Fragment 来适应手机设计。

应该将每个 Fragment 都设计为可重复使用的模块化 Activity 组件。也就是说，由于每个 Fragment 都会通过各自的生命周期回调来定义自己的布局和行为，可以将一个 Fragment 加入多个 Activity，因此，应该采用可复用式设计，避免直接从某个 Fragment 直接操纵另一个 Fragment。这特别重要，因为模块化 Fragment 可以通过更改 Fragment 的组合方式来适应不同的屏幕尺寸。在设计可同时支持平板式计算机和手机的应用时，可以在不同的布局配置中重复使用 Fragment，以根据可用的屏幕空间优化用户体验。例如，在手机上，如果不能在同一个 Activity 内储存多个 Fragment，可能必须利用单独 Fragment 来实现单窗格 UI。

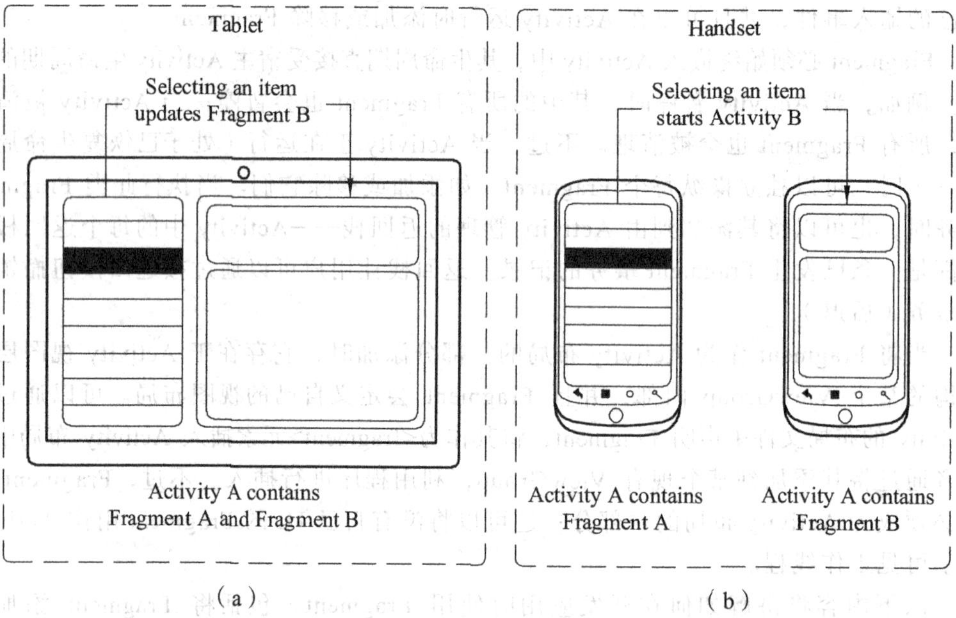

图 3.50　由 Fragment 定义的两个 UI 模块如何适应不同设计的示例

例如，仍然以新闻应用为例，在平板式计算机尺寸的设备上运行时，该应用可以在 Activity A 中嵌入两个 Fragment。不过，在手机尺寸的屏幕上，没有足以储存两个 Fragment 的空间，因此 Activity A 只包括用于显示文章列表的 Fragment，当用户选择文章时，它会启动 Activity B，其中包括用于阅读文章的第二个 Fragment。因此，应用可通过重复使用不同组合的 Fragment 来同时支持平板式计算机和手机，如图 3.50 所示。以下步骤详细讲解如何使用 Fragment。

（1）创建 Fragment。

要想创建 Fragment，必须创建 Fragment 的子类（或已有其子类）。Fragment 类的代码与 Activity 非常相似。它包含与 Activity 类似的回调方法，如 onCreate()、onStart()、onPause()和 onStop()，图 3.51 所示为 Fragment 的生命周期函数。实际上，如果要将现有 Android 应用转换为使用 Fragment，可能只需将代码从 Activity 的回调方法移入 Fragment 相应的回调方法中。

通常，至少应实现以下生命周期方法：

onCreate()：系统会在创建 Fragment 时调用此方法。应该在实现内初始化想在 Fragment 暂停或停止后恢复时保留的必需的 Fragment 组件。

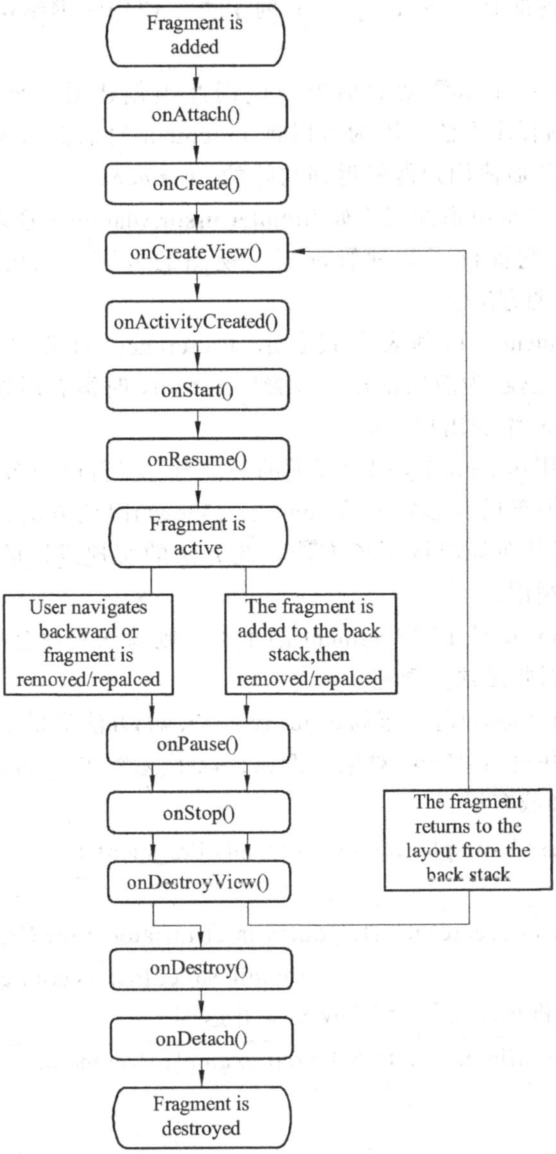

图 3.51 Fragment 的生命周期函数

onCreateView()：系统会在 Fragment 首次绘制其用户界面时调用此方法。要想为 Fragment 绘制 UI，应该从此方法中返回的 View 必须是 Fragment 布局的根视图。如果 Fragment 未提供 UI，可以返回 null。

onPause()：系统将此方法作为用户离开 Fragment 的第一个信号（但并不总是意味着此 Fragment 会被清理）进行调用。通常应该在此方法内确认在当前用户会话结束后仍然有效的任何更改（因为用户可能不会返回）。

大多数应用都应该至少为每个 Fragment 实现这三个方法，但还应该使用几种其他回调方法来处理 Fragment 生命周期的各个阶段。处理 Fragment 生命周期部分对所有生命周期回调方法做了更详尽的阐述。

Android 系统内部有一些 Fragment 的子类，使用时继续这些子类比直接继承 Fragment 更方便。

DialogFragment：显示浮动对话框。使用此类创建对话框可有效地替代使用 Activity 类中的对话程序方法，因为可以将 Fragment 对话框纳入由 Activity 管理的 Fragment 返回栈，从而使用户能够返回清除的 Fragment。

ListFragment：显示由适配器（如 SimpleCursorAdapter）管理的一系列项目，类似于 ListActivity。它提供了几种管理列表视图的方法，如用于处理点击事件的 onListItemClick()回调方法。

PreferenceFragment：以列表形式显示 Preference 对象的层次结构，类似于 PreferenceActivity。这在为应用创建“设置”Activity 时很有用处。

（2）为 Fragment 添加用户界面。

Fragment 通常用作 Activity 用户界面的一部分，将自己的布局融入 Activity。要想为 Fragment 提供布局，必须实现 onCreateView()回调方法，Android 系统会在 Fragment 需要绘制其布局时调用该方法。此方法的实现返回的 View 对象必须是 Fragment 布局的根视图。

注：如果 Fragment 是 ListFragment 的子类，则默认实现会从 onCreateView()返回一个 ListView，因此无须实现它。

要想从 onCreateView()返回布局，onCreateView()方法提供了一个 LayoutInflater 对象解析布局文件并返回 View 对象。例如，以下这个 Fragment 子类从 example_fragment.xml 文件加载布局：

```
public static class ExampleFragment extends Fragment {
    @Override
    public View onCreateView(LayoutInflater inflater, ViewGroup container,
                             Bundle savedInstanceState) {
        // 解析布局文件为 View 对象并返回
        return inflater.inflate(R.layout.example_fragment, container, false);
    }
}
```

在上述代码中，R.layout.example_fragment 是对应用资源中保存的名为“example_

fragment.xml”的布局资源的引用。

onCreateView()方法的 container 参数是 Fragment 布局将插入的父 ViewGroup（来自 Activity 的布局）。savedInstanceState 参数是在恢复 Fragment 时，提供上一 Fragment 状态实例相关数据的 Bundle。

inflate()方法带有三个参数：

① Fragment 布局文件的引用值；

② Fragment 布局文件的根视图；

③ 指示是否应将 Fragment 界面布局附加至 ViewGroup（第二个参数）的布尔值。

在本例中，其值为 false，因为系统已经将 Fragment 界面布局插入 container，如果传递 true 值，会在最终布局中创建一个多余的视图组。

（3）向 Activity 添加 Fragment。

通常，Fragment 界面布局作为 Activity 总体视图层次结构的一部分嵌入 Activity 中。可以通过两种方式向 Activity 布局添加 Fragment:

① 在 Activity 的布局文件内声明 Fragment。

在本例中，可以将 Fragment 当作视图来为其指定布局属性。

例如，以下是一个具有两个 Fragment 的 Activity 的布局文件：

```
<?xml version="1.0" encoding="utf-8"?>
<LinearLayout xmlns:android="http://schemas.android.com/apk/res/android"
    android:orientation="horizontal"
    android:layout_width="match_parent"
    android:layout_height="match_parent">
    <fragment android:name="com.example.news.ArticleListFragment"
            android:id="@+id/list"
            android:layout_weight="1"
            android:layout_width="0dp"
            android:layout_height="match_parent" />
    <fragment android:name="com.example.news.ArticleReaderFragment"
            android:id="@+id/viewer"
            android:layout_weight="2"
            android:layout_width="0dp"
            android:layout_height="match_parent" />
</LinearLayout>
```

<fragment>中的 android:name 属性指定要在布局中实例化的 Fragment 类。

当系统创建此 Activity 布局时，会实例化在布局中指定的每个 Fragment，并为每个 Fragment 调用 onCreateView()方法，以检索每个 Fragment 的布局。系统会直接插入 Fragment 返回的 View 来替代<fragment>元素。

注：每个 Fragment 都需要一个唯一的标识符，重启 Activity 时，系统可以使用该标识符来恢复 Fragment（也可以使用该标识符来捕获 Fragment 以执行某些事务，

如将其移除）。

可以通过三种方式为 Fragment 提供 ID：

a. 为 android:id 属性提供唯一 ID；

b. 为 android:tag 属性提供唯一字符串；

c. 如果未给以上两个属性提供值，系统会使用容器视图的 ID。

② 通过编程方式将 Fragment 添加到某个现有 ViewGroup 中。

可以在 Activity 运行期间随时将 Fragment 添加到 Activity 布局中。只需指定要将 Fragment 放入哪个 ViewGroup。要想在 Activity 中执行 Fragment 事务（如添加、移除或替换 Fragment），则必须使用 FragmentTransaction 中的 API。可以像下面这样从 Activity 获取一个 FragmentTransaction 实例：

```
FragmentManager fragmentManager = getFragmentManager();
FragmentTransaction fragmentTransaction = fragmentManager.beginTransaction();
```

然后，使用 add()方法添加一个 Fragment，指定要添加的 Fragment 以及将其插入具体视图中。例如：

```
ExampleFragment fragment = new ExampleFragment();
fragmentTransaction.add(R.id.fragment_container, fragment);
fragmentTransaction.commit();
```

传递到 add()的第一个参数是 ViewGroup，即应该放置 Fragment 的位置，由资源 ID 指定，第二个参数是要添加的 Fragment。一旦使用 FragmentTransaction 做出了更改，就必须调用 commit()方法以使更改生效。

（4）管理 Fragment。

要想管理 Activity 中的 Fragment，需要使用 FragmentManager，在 Activity 中调用 getFragmentManager()获取 FragmentManager 对象。

使用 FragmentManager 可以执行的操作包括：

① 通过 findFragmentById()（对于在 Activity 布局中提供 UI 的 Fragment）或 findFragmentByTag()（对于提供或不提供 UI 的 Fragment）获取 Activity 中要操作的 Fragment。

② 通过 popBackStack()（模拟用户发出的返回命令）将 Fragment 从返回栈中弹出。

③ 通过 addOnBackStackChangedListener()注册一个监听返回栈变化的监听器。

如上所示，使用 FragmentManager 打开一个 FragmentTransaction，可以通过它来执行某些事务，如添加和移除 Fragment。

（5）与 Activity 通信。

尽管 Fragment 是作为独立于 Activity 的对象实现，并且可在多个 Activity 内使用，但 Fragment 的给定实例会直接绑定到包含它的 Activity。

具体地说，Fragment 可以通过 getActivity()访问 Activity 实例，并轻松地执行在 Activity 布局中查找视图等任务。

```
View listView = getActivity().findViewById(R.id.list);
```

同样地，Activity 也可以使用 findFragmentById()或 findFragmentByTag()，通过从 FragmentManager 获取对 Fragment 的引用来调用片段中的方法。例如：

```
ExampleFragment fragment = (ExampleFragment) getFragmentManager().
findFragmentById(R.id.example_fragment);
```

在某些情况下，可能需要通过 Fragment 与 Activity 共享事件。执行此操作的一个好方法是，在 Fragment 内定义一个回调接口，并要求宿主 Activity 实现它。当 Activity 通过该接口收到回调时，可以根据需要与布局中的其他 Fragment 共享这些信息。例如，如果一个新闻应用的 Activity 有两个 Fragment，一个用于显示文章列表（Fragment A），另一个用于显示文章（Fragment B），那么 Fragment A 必须在列表项被选定后告知 Activity，以便它告知 Fragment B 显示该文章。在本例中，OnArticleSelectedListener 接口在 Fragment A 内声明：

```
public static class FragmentA extends ListFragment {
    // Fragment 宿主 Activity 必须实现这个接口
    public interface OnArticleSelectedListener {
        public void onArticleSelected(Uri articleUri);
    }
}
```

然后，该 Fragment 的宿主 Activity 实现 OnArticleSelectedListener 接口并实现 onArticleSelected()，将来自 Fragment A 的事件通知 Fragment B。为确保宿主 Activity 实现此接口，Fragment A 的 onAttach()回调方法（系统在向 Activity 添加 Fragment 时调用的方法）会通过转换传递到 onAttach()中的 Activity 来实例化 OnArticleSelectedListener 的实例：

```
public static class FragmentA extends ListFragment {
    OnArticleSelectedListener mListener;
    @Override
    public void onAttach(Activity activity) {
        super.onAttach(activity);
        try {
            mListener = (OnArticleSelectedListener) activity;
        } catch (ClassCastException e) {
            throw new ClassCastException(activity.toString() + " must implement
OnArticleSelectedListener");
        }
    }
}
```

如果 Activity 未实现接口，则 Fragment 会引发 ClassCastException 异常。实现时，mListener 成员会保留对 Activity 的 OnArticleSelectedListener 实现的引用，以便 Fragment A 可以通过调用 OnArticleSelectedListener 接口定义的方法与 Activity 共享

事件。例如，如果 Fragment A 是 ListFragment 的一个扩展，则用户每次点击列表项时，系统都会调用 Fragment 中的 onListItemClick()，然后该方法会调用 onArticleSelected() 以与 Activity 共享事件。

以下通过完整的示例来讲解如何在 Activity 中添加 Fragment，以及 Fragment 如何与宿主 Activity 进行通信。本例子由一个 Fragment（继承自 ListFragment）和一个 TextView 组成，当单击上面 Fragment 的一个选项时，TextView 能够实时显示单击项目的名称。

（1）新建 Android 工程，命名为“FragmentDemo”，主 Activity 继承自 AppCompat Activity。

（2）新建一个 Fragment，继承自 ListFragment，命名为“ItemFragment”，在 ItemFragment 类里覆盖 onAttach()、onCreate()、onListItemClick()方法。由于 ListFragment 类默认已生成了一个全屏 ListView 布局，所以在此不需要覆盖 onCreateView()方法。在 ItemFragment 类中定义一个接口，命名为“ItemClickListener”，用于当在 ItemFragment 单击一个选项时，能够和宿主 Activity 通信，改变主布局视图中 TextView 的显示的值，代码如下：

```
public class ItemFragment extends ListFragment {
//初始化列表要显示的数据
 private String []items = new String[]{"中国","美国","日本","德国","澳大利亚"};
//声明一个接口
private IItemClickListener itemClickListener;
    @Override
 public void onAttach(Context context) {
        super.onAttach(context);
        try {
            itemClickListener = (IItemClickListener)context;
        } catch (ClassCastException e) {
            throw new ClassCastException(context.toString() + " must implement
OnArticleSelectedListener");
        }
    }
 @Override
public void onCreate(@Nullable Bundle savedInstanceState) {
  super.onCreate(savedInstanceState);
  List<Map<String,String>> datas = new ArrayList<>();
  for(String item:items){
      Map<String,String> map = new HashMap<>();
      map.put("countryName",item);
      datas.add(map);
```

```
    }
    SimpleAdapter  adapter  =  new  SimpleAdapter(this.getContext(),datas,android.R.
layout.simple_list_item_1,new String[]{"countryName"},new int[]{android.R.id.text1});
    this.setListAdapter(adapter);
    }
    @Override
    public void onListItemClick(ListView l, View v, int position, long id) {
      super.onListItemClick(l, v, position, id);
    Map<String,String> item = (Map<String,String>)l.getAdapter().getItem(position);
        String countryName = item.get("countryName");
        //当单击项目时通知宿主 Activity 做相应的动作
        itemClickListener.onItemClick(countryName);
    }
        public interface IItemClickListener{
                public void onItemClick(String countryName);
        }
    }
```

ListFragment 是一个通过绑定如数组或游标的数据资源呈现列表中元素的碎片，当用户选中其中的条目时，给予显示和处理。ListFragment 寄存一个 ListView 对象，该对象可被绑定在不同的数据资源中，通常是一个数组或一个持有查询结果的游标。使用一个 ListAdapter 接口的实现类将数据绑定到 ListFragment 的 ListView 对象上。Android 提供了两个标准的列表适配器：SimpleAdapter 用来绑定静态数据（Maps），SimpleCursorAdapter 用来绑定游标查询结果数据。

必须使用 ListFragment.setListAdapter()来关联列表和适配器。

（3）修改 MainActivity 的布局，代码如下：

```
  <fragment
          android:id="@+id/list_item"
          android:layout_width="match_parent"
          android:layout_height="wrap_content"
          android:name="com.example.fragmentdemo.ItemFragment"
          app:layout_constraintTop_toTopOf="parent"
          app:layout_constraintLeft_toLeftOf="parent"
          app:layout_constraintVertical_weight="2"
          />
    <TextView
          android:id="@+id/tvCountry"
          android:layout_width="match_parent"
          android:layout_height="wrap_content"
```

```
        android:textSize="24dp"
        android:gravity="center_vertical|center_horizontal"
        app:layout_constraintTop_toBottomOf="@id/list_item"
        app:layout_constraintVertical_weight="1"
        android:text="hello"
        />
```

（4）MainActivity 实现 IItemClickListener 接口，在实现方法中修改 TextView 显示的内容，代码如下：

```
public class MainActivity extends AppCompatActivity implements ItemFragment.
IItemClickListener {
    private TextView tvCountry;
    @Override
    protected void onCreate(Bundle savedInstanceState) {
        super.onCreate(savedInstanceState);
        setContentView(R.layout.activity_main);
        this.tvCountry = (TextView)this.findViewById(R.id.tvCountry);
    }
    @Override
    public void onItemClick(String countryName) {
        //显示单击列表项的内容
        this.tvCountry.setText(countryName);
    }
}
```

（5）程序运行结果如图 3.52 所示。

图 3.52　Fragment 示例

2. 给 Fragment 添加应用栏菜单

Fragment 可以通过覆盖 onCreateOptionsMenu()向 Activity 的选项菜单（并因此

向应用栏）贡献菜单项。不过，为了使此方法能够收到调用，必须在 Fragment 的 onCreate()方法中调用 setHasOptionsMenu(true)，以指示 Fragment 想要向选项菜单添加菜单项（否则，Fragment 将不会收到对 onCreateOptionsMenu()的调用）。后从 Fragment 添加到选项菜单的任何菜单项都将追加到现有菜单项之后。选定菜单项时，Fragment 还会收到对 onOptionsItemSelected()的方法的回调。

在 Fragment 中通过调用 registerForContextMenu()，在 Fragment 布局中注册上下文菜单。用户打开上下文菜单时，Fragment 会收到对 onCreateContextMenu()方法的调用。当用户选择某个菜单项时，Fragment 会收到对 onContextItemSelected()方法的调用。

注：针对于选项菜单和上下文菜单，尽管 Fragment 会收到与其添加的每个菜单项对应的菜单项选定回调，但当用户选择菜单项时，Activity 会首先收到相应的回调。如果 Activity 对菜单项选定回调的实现不会处理选定的菜单项，则系统会将事件传递到 Fragment 的回调。

3. 处理片段生命周期

管理 Fragment 生命周期与管理 Activity 生命周期很相似。与 Activity 一样，Fragment 也以三种状态存在：

继续：Fragment 在运行中的 Activity 中可见。

暂停：另一个 Activity 位于前台并具有焦点，但此 Fragment 所在的 Activity 仍然可见（前台 Activity 部分透明，或未覆盖整个屏幕）。

停止：Fragment 不可见。宿主 Activity 已停止，或 Fragment 已从 Activity 中移除，但已添加到返回栈。停止 Fragment 仍然处于活动状态（系统会保留所有状态和成员信息）。不过，它对用户不再可见，如果 Activity 被终止，它也会被终止。

同样与 Activity 一样，假使 Activity 的进程被终止，而需要在重建 Activity 时恢复 Fragment 状态，这时也可以使用 Bundle 保留 Fragment 的状态。在 Fragment 的 onSaveInstanceState()回调期间保存状态，并可在 onCreate()、onCreateView()或 onActivityCreated()期间恢复状态。

Fragment 所在的 Activity 的生命周期会直接影响 Fragment 的生命周期，其表现为，Activity 的每次生命周期回调都会引发每个 Fragment 的类似回调。例如，当 Activity 收到 onPause()时，Activity 中的每个 Fragment 也会收到 onPause()。

不过，Fragment 还有几个额外的生命周期回调，用于处理与 Activity 的唯一交互，以执行构建和清理 Fragment UI 等操作。这些额外的回调方法是：

onAttach()：在 Fragment 已与 Activity 关联时调用（Activity 传递到此方法内）。

onCreateView()：调用它可创建与 Fragment 关联的视图层次结构。

onActivityCreated()：在 Activity 的 onCreate()方法已返回时调用。

onDestroyView()：在移除与 Fragment 关联的视图层次结构时调用。

onDetach()：在取消 Fragment 与 Activity 的关联时调用。

图 3.53 所示为受其宿主 Activity 影响的 Fragment 生命周期流。在该图中可以看

到，Activity 的每个连续状态是如何决定 Fragment 可以执行的回调方法。例如，当 Activity 执行 onCreate()回调方法时，Activity 中的 Fragment 只会收到 onActivityCreated()回调方法。一旦 Activity 达到恢复状态，就可以随意向 Activity 添加 Fragment 和移除其中的 Fragment。因此，只有当 Activity 处于恢复状态时，Fragment 的生命周期才能独立变化。不过，当 Activity 离开恢复状态时，Fragment 会在 Activity 的推动下再次经历其生命周期。

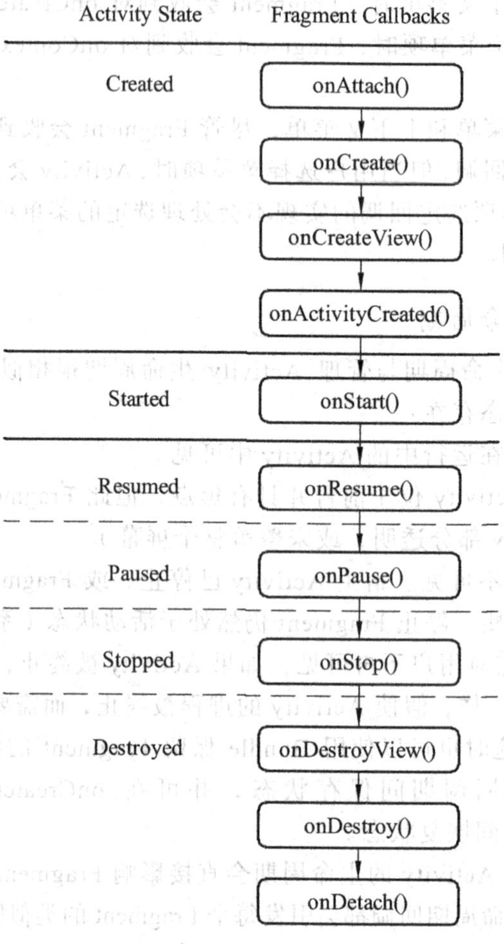

图 3.53　Activity 生命周期对 Fragment 生命周期的影响

3.4　本章总结

本章首先介绍了 Android 开发中常用的布局方式、基本的 UI 界面设计所使用到的组件以及高级组件的用法，然后介绍了 Fragment 的概念、生命周期、Fragment 与 Activity 之间的通信方式，这些知识在平板式计算机和手机屏幕横竖屏切换时经常会用到，需要开发者熟练掌握并应到实际项目开发中。

3.5 课后习题

（1）简述什么是 View 和 ViewGroup 以及它们之间的层次结构。
（2）简述 ConstraintLayout 的特点。
（3）简述 Fragment 的生命周期。
（4）写出一个 Fragment 与 Activity 通信的例子。
（5）写出一个使用 ListView 实现通信录的例子。

第 4 章　数据存储

学习目标

（1）了解 Android 数据存储的各种方式。
（2）掌握共享首选项的使用。
（3）掌握内部存储的使用。
（4）掌握外部存储的使用。
（5）熟练掌握 SQLite 数据库的使用。

学习 Android 相关知识，数据存储是其中的重点之一。本章将介绍如何将应用程序和用户数据保留为设备上的文件、键值对、数据库中的文件或其他数据类型，以及如何在其他应用程序和设备之间共享数据。

4.1　共享首选项

Android 提供的 SharedPreferences 类是一个通用框架，以便程序能够保存和检索原始数据类型的永久性键值对。可以使用 SharedPreferences 来保存任何原始数据，包括布尔值、浮点值、整型值、长整型和字符串。此数据将跨多个用户会话永久保留（即使应用已终止也是如此）。

要使用 SharedPreferences 保存数据，可以通过使用以下两个方法之一获取：

（1）getSharedPreferences()：此方法用于需要多个按名称（使用第一个参数指定）识别的首选项文件。

（2）getPreferences()：此方法用于只需要一个用于 Activity 的首选项文件，这将是用于 Activity 的唯一首选项文件，因此无须提供名称。

以下步骤介绍了如何向文件写入值：

（1）调用 edit()以获取 SharedPreferences.Editor。

（2）使用 putBoolean()和 putString()等方法添加值。

（3）使用 commit()提交新值。

要读取值，可以使用 getBoolean()和 getString()等 SharedPreferences 方法读取对应的值。

以下示例讲解了如何将用户名和密码保存到首选项文件中，并从中读取显示在界面上，程序运行结果如图 4.1 所示。

（1）新建 Android 工程并命名为“ShareDemo”，主 Activity 继承自 AppCompat Activity。

（2）修改 MainActivity 的布局，两个 EditText 分别用于输入用户名和密码，代码如下：

```
<EditText
    android:id="@+id/userName"
    android:layout_width="match_parent"
    android:layout_height="wrap_content"
    android:singleLine="true"
    android:hint="请输入用户名"
    android:layout_marginTop="220dp"
    android:layout_marginLeft="10dp"
    android:layout_marginRight="10dp"
    app:layout_constraintTop_toTopOf="parent"
    app:layout_constraintLeft_toLeftOf="parent"
    />
<EditText
    android:id="@+id/pwd"
    android:layout_width="match_parent"
    android:layout_height="wrap_content"
    android:singleLine="true"
    android:hint="请输入密码"
    android:layout_marginTop="40dp"
    android:layout_marginLeft="10dp"
    android:layout_marginRight="10dp"
    android:inputType="textPassword"
    app:layout_constraintTop_toBottomOf="@id/userName"
    />
<Button
    android:id="@+id/btnSave"
    android:layout_width="match_parent"
    android:layout_height="wrap_content"
    android:layout_marginTop="80dp"
    android:text="保    存"
    android:onClick="saveData"
    app:layout_constraintTop_toBottomOf="@id/pwd"
    />
<Button
```

```
android:id="@+id/btnRead"
android:layout_width="match_parent"
android:layout_height="wrap_content"
android:layout_marginTop="80dp"
android:text="读取"
android:onClick="readData"
app:layout_constraintTop_toBottomOf="@id/btnSave"
/>
```

（3）在 MainActivity 中声明并实现 saveData 方法，用于将输入的用户名和密码保存到首选项文件中，代码如下：

```
public class MainActivity extends AppCompatActivity {
    private EditText etUsreName;
    private EditText etPwd;
    static final String FILE_NAME = "account";
    @Override
    protected void onCreate(Bundle savedInstanceState) {
        super.onCreate(savedInstanceState);
        setContentView(R.layout.activity_main);
        this.etUsreName = (EditText)this.findViewById(R.id.userName);
        this.etPwd = (EditText)this.findViewById(R.id.pwd);
    }
    public void saveData(View view){
        String userName = this.etUsreName.getText().toString();
        String pwd = this.etPwd.getText().toString();
        if("".equals(userName.trim())){
            Toast.makeText(this,"用户名必填",Toast.LENGTH_SHORT).show();
            return;
        }
        if("".equals(pwd.trim())){
            Toast.makeText(this,"密码必填",Toast.LENGTH_SHORT).show();
            return;
        }
        SharedPreferences sh = this.getSharedPreferences(FILE_NAME,0);
        SharedPreferences.Editor editor = sh.edit();
        editor.putString("userName",userName);
        editor.putString("password",pwd);
        editor.commit();
        Toast.makeText(this, "保存成功", Toast.LENGTH_SHORT).show();
```

```
    }
    public void readData(View view){
        SharedPreferences sh = this.getSharedPreferences(FILE_NAME,0);
        String userName = sh.getString("userName","");
        String pwd = sh.getString("password","");
        String info = "用户名:"+userName+",密码:"+pwd;
        Toast.makeText(this, info, Toast.LENGTH_SHORT).show();
    }
}
```

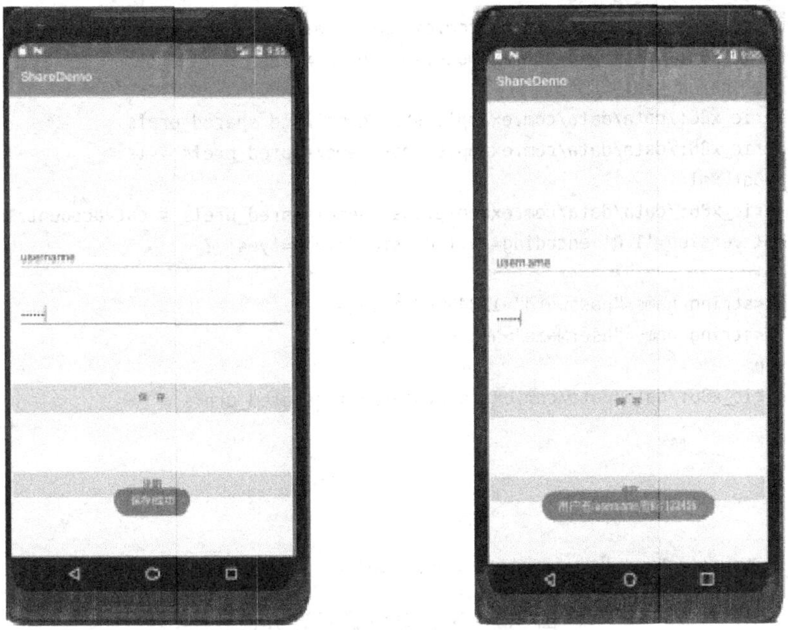

图 4.1　共享首选项存储数据

在本例中使用 getSharedPreferences() 方法获取 SharedPreferences 对象，getSharedPreferences 有两个参数，分别为：

（1）name：首选项文件名称，自定义。

（2）mode：操作模式，默认的模式为 0 或 MODE_PRIVATE，还可以使用 MODE_WORLD_READABLE 和 MODE_WORLD_WRITEABLE。

① mode 指定为 MODE_PRIVATE，则该配置文件只能被自己的应用程序访问。

② mode 指定为 MODE_WORLD_READABLE，则该配置文件除了自己访问外还可以被其他应该程序读取。

③ mode 指定为 MODE_WORLD_WRITEABLE，则该配置文件除了自己访问外还可以被其他应该程序读取和写入。

在 Anddroid Studio 中查看文件，在图 4.2 中单击 Terminal 控制台，输入 adb shell 命令，将会出现如图 4.3 所示的界面，在图 4.3 中使用 su root 切换为超级管理员权限，然后切换到/data/data/com.example.sharedemo 目录，其中 com.example.sharedemo 是清单文件 AndroidManifest.xml 中的 package 的值。在 shared_prefs 目录下可以看到共享首选项文件名为“account.xml”的文件。使用 cat 命令可以查看 account.xml 文件的内容。

图 4.2　Terminal 控制台

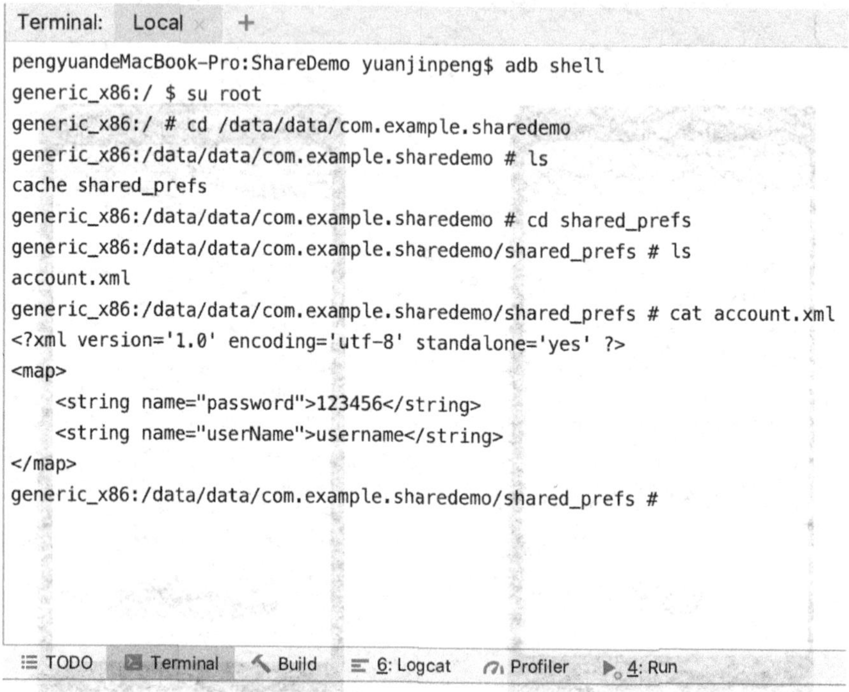
Terminal: Local
pengyuandeMacBook-Pro:ShareDemo yuanjinpeng$ adb shell
generic_x86:/ $ su root
generic_x86:/ # cd /data/data/com.example.sharedemo
generic_x86:/data/data/com.example.sharedemo # ls
cache shared_prefs
generic_x86:/data/data/com.example.sharedemo # cd shared_prefs
generic_x86:/data/data/com.example.sharedemo/shared_prefs # ls
account.xml
generic_x86:/data/data/com.example.sharedemo/shared_prefs # cat account.xml
<?xml version='1.0' encoding='utf-8' standalone='yes' ?>
<map>
<string name="password">123456</string>
<string name="userName">username</string>
</map>
generic_x86:/data/data/com.example.sharedemo/shared_prefs #
TODO
Terminal
Build
6: Logcat
Profiler
4: Run

图 4.3　文件命令提示符界面

4.2　使用内部存储

除了共享存储之外，还可以选择直接在设备的内部存储中保存文件。默认情况下，保存到内部存储的文件是应用的私有文件，其他应用（和用户）不能访问这些文件。当用户卸载应用时，这些文件也会被移除。

1. 创建私有文件并写入内部存储

（1）使用文件名称和操作模式调用 openFileOutput()，方法返回 FileOutputStream 类型的对象。

（2）使用 write()写入文件。

（3）使用 close()关闭流式传输。

例如：

```
//定义文件名称
String FILENAME = "hello_file";
//定义要写入文件的字符串
String string = "hello world!";
FileOutputStream fos = openFileOutput(FILENAME, Context.MODE_PRIVATE);
fos.write(string.getBytes());
fos.close();
```

openFileOutput()方法的第一个参数是要写入的文件名称，第二个参数是 mode，参考 getSharedPreferences 的第二个参数。

注：自 API 17 以来，常量 MODE_WORLD_READABLE 和 MODE_WORLD_WRITEABLE 已被弃用。从 Android 7.0 开始，使用这些常量将会导致引发 SecurityException。这意味着，面向 Android 7.0 和更高版本的应用无法按名称共享私有文件，尝试共享"file://" URI 将会导致引发 FileUriExposedException。如果应用需要与其他应用共享私有文件，则可以将 FileProvider 与 FLAG_GRANT_READ_URI_PERMISSION 配合使用。

2. 从内部存储读取文件

（1）调用 openFileInput()并向其传递要读取的文件名称，方法返回一个 FileInputStream 类型对象。

（2）使用 read()读取文件字节。

（3）然后使用 close()关闭流式传输。

如果在编译时想要保存应用中的静态文件，可以在项目的 res/raw/目录中保存该文件。可以使用 openRawResource()打开该资源并传递 R.raw.<filename>资源 ID。此方法将返回一个 InputStream，可以使用该流式传输读取文件（但不能写入原始文件）。

3. 保存缓存文件

如果想要缓存一些数据，而不是永久存储这些数据，使用 getCacheDir()来打开一个 File，它表示应用应该将临时缓存文件保存到的内部目录。

当设备的内部存储空间不足时，Android 可能会删除这些缓存文件以回收空间。但不应该依赖系统来清理这些文件，而应该始终自行维护缓存文件，使其占用的空间保持在合理的限制范围内（如 1 MB）。当用户卸载应用时，这些文件也会被移除。

4. 其他实用方法

（1）getFilesDir()：获取在其中存储内部文件的文件系统目录的绝对路径。

（2）getDir()：在内部存储空间内创建（或打开现有的）目录。

（3）deleteFile()：删除保存在内部存储的文件。

（4）fileList()：返回应用当前保存的一系列文件。

4.3 使用外部存储

每个兼容 Android 的设备都支持可用于保存文件的共享“外部存储”。该存储可能是可移除的存储介质（如 SD 卡）或内部（不可移除）存储。保存到外部存储的文件是全局可读取文件，而且，在计算机上启用 USB 大容量存储以传输文件后，可由用户修改这些文件。

要读取或写入外部存储上的文件，应用首先必须获取 READ_EXTERNAL_STORAGE 或 WRITE_EXTERNAL_STORAGE 系统权限，获取权限必须在清单文件中声明，例如：

```
<manifest ...>
    <uses-permission android:name="android.permission.WRITE_EXTERNAL_
STORAGE" />
</manifest>
```

如果同时需要读取和写入文件，则只需请求 WRITE_EXTERNAL_STORAGE 权限，因为此权限也隐含了读取权限要求。

在使用外部存储执行任何工作之前，应始终调用 getExternalStorageState()以检查介质是否可用。这时因为虽然介质已装载到计算机，但其可能处于缺失、只读或其他某种状态。例如，以下是可用于检查可用性的几种方法：

//该方法用于检查介质是否可读写，如果可读写则返回 true，否则返回 false

```
public boolean isExternalStorageWritable() {
    String state = Environment.getExternalStorageState();
    if (Environment.MEDIA_MOUNTED.equals(state)) {
        return true;
    }
    return false;
}
//以下方法用于检查介质是否可读，如果可读则返回 true,否则返回 false
public boolean isExternalStorageReadable() {
    String state = Environment.getExternalStorageState();
    if (Environment.MEDIA_MOUNTED.equals(state) ||
        Environment.MEDIA_MOUNTED_READ_ONLY.equals(state)) {
        return true;
    }
    return false;
}
```

getExternalStorageState()方法将返回可能需要检查的其他状态[如介质是否处于共享（连接到计算）、完全缺失、错误移除等状态]。当应用需要访问介质时，可以使用这些状态向用户通知更多信息。

一般而言，应该将用户可通过应用获取的新文件保存到设备上的“公共”位置，以便其他应用能够在其中访问这些文件，并且用户也能轻松地从该设备复制这些文件。执行此操作时，应使用共享的公共目录之一，如 Music/、Pictures/和 Ringtones/等。要获取表示相应的公共目录的 File，可以调用 getExternalStoragePublicDirectory()，向其传递需要的目录类型，如 DIRECTORY_MUSIC、DIRECTORY_PICTURES、DIRECTORY_RINGTONES 或其他类型。通过将文件保存到相应的媒体类型目录，系统的媒体扫描程序可以在系统中正确地归类文件（如铃声在系统设置中显示为铃声而不是音乐）。例如，以下方法在公共图片目录中创建了一个用于新相册的目录：

```
public File getAlbumStorageDir(String albumName) {
    // 获取系统的图片共享目录
    File file = new File(Environment.getExternalStoragePublicDirectory(
            Environment.DIRECTORY_PICTURES), albumName);
    if (!file.mkdirs()) {
        Log.e(LOG_TAG, "Directory not created");
    }
    return file;
}
```

如果正在处理的文件不适合其他应用使用（如仅供应用使用的图形纹理或音效），则应该通过调用 getExternalFilesDir()来使用外部存储上的私有存储目录。此方法还会采用 type 参数指定子目录的类型（如 DIRECTORY_MOVIES）。如果不需要特定的媒体目录，应传递 null 以接收应用私有目录的根目录。从 Android 4.4 开始，读取或写入应用私有目录中的文件不再需要 READ_EXTERNAL_STORAGE 或 WRITE_EXTERNAL_STORAGE 权限。因此，可以通过添加 maxSdkVersion 属性来声明，只能在较低版本的 Android 中请求该权限：

```
<manifest ...>
    <uses-permission android:name="android.permission.WRITE_EXTERNAL_
STORAGE" android:maxSdkVersion="18" />
    ...
</manifest>
```

从 Android 6.0 开始，即使添加了权限也不会自动授权，需要在使用权限的时候动态获取权限，动态获取权限的程序如下：

```
public void grantPersmssion(){
    if (ActivityCompat.checkSelfPermission(this, Manifest.permission.WRITE_
EXTERNAL_STORAGE) != PackageManager.PERMISSION_GRANTED) {
    ActivityCompat.requestPermissions(this, new String[]{Manifest.permission.
WRITE_EXTERNAL_STORAGE},1);
        }
    }
```

使用网络下载文件，需要在清单文件中加入访问网络的权限，代码如下：

```
<uses-permission android:name="android.permission.INTERNET"/>
```

还需要配置 Android 网络安全性，首先在 res 目录下新建 xml 目录，在 xml 目录下新建 network_security_config.xml 文件，文件内容如下：

```
<?xml version="1.0" encoding="utf-8"?>
<network-security-config>
    <domain-config cleartextTrafficPermitted="false">
        <domain includeSubdomains="true">ss2.bdstatic.com</domain>
    </domain-config>
</network-security-config>
```

最后在清单文件的 application 元素中添加以下内容：

```
android:networkSecurityConfig="@xml/network_security_config"
```

以下示例讲解如何使用外部存储存储数据。

在 ShareDemo 工程中，在 MainActivity 类中修改 saveData()方法使用外部存储存储数据，修改 readData()方法从外部存储文件读取数据，程序运行结果如图 4.4 所示。

在 onCreate()方法中调用 grantPersmssion()获得读取外部文件的权限。

```
public void saveData(View view){
    if(!this.isExternalStorageWritable()){
        Toast.makeText(this,"无法找到外部存储设备或外部存储设备不可写",Toast.LENGTH_SHORT).show();
            return;
    }
    //获取外部存储路径
    String path = Environment.getExternalStorageDirectory().getAbsolutePath()+"/info.txt";
    File file = new File(path);
    //判断 info.txt 文件是否存在，如果不存在就新建
    if(!file.exists()){
        try {
            file.createNewFile();
        } catch (IOException e) {
            e.printStackTrace();
        }
    }
    FileOutputStream fos = null;
    try {
    //通过文件输出流将文件写入外部存储路径下的 info.txt 文件中
        fos = new FileOutputStream(path,false);
```

```
                String str ="用户名为:" +etUsreName.getText().toString();
                fos.write(str.getBytes());
                String pwd = "密码为:"+this.etPwd.getText().toString();
                fos.write(pwd.getBytes());
              Toast.makeText(this,"保存成功",Toast.LENGTH_SHORT).show();
            } catch (FileNotFoundException e) {
                e.printStackTrace();
            } catch (IOException e) {
                e.printStackTrace();
            }finally {
                if(fos != null){
                    try {
                        fos.close();
                    } catch (IOException e) {
                        e.printStackTrace();
                    }
                }
            }
    }
```

从 info.txt 文件读取数据，代码如下：

```
    public void readData(View view){
      //获取文件路径
        String path = Environment.getExternalStorageDirectory().
getAbsolutePath()+"/info.txt";
            FileInputStream fis = null;
            try {
                fis = new FileInputStream(path);
                byte[] b = new byte[1024];
                StringBuilder stringBuilder = new StringBuilder("");
                int len = fis.read(b);
                while(len !=-1){
                    String str2 = new String(b,0,len);
                    stringBuilder.append(str2);
                    len = fis.read(b);
                }
    Toast.makeText(this, stringBuilder.toString(), Toast.LENGTH_SHORT).show();
            } catch (FileNotFoundException e) {
                e.printStackTrace();
```

```
            } catch (IOException e) {
                e.printStackTrace();
            }finally {
                if(fis != null){
                    try {
                        fis.close();
                    } catch (IOException e) {
                        e.printStackTrace();
                    }
                }
            }
        }
```

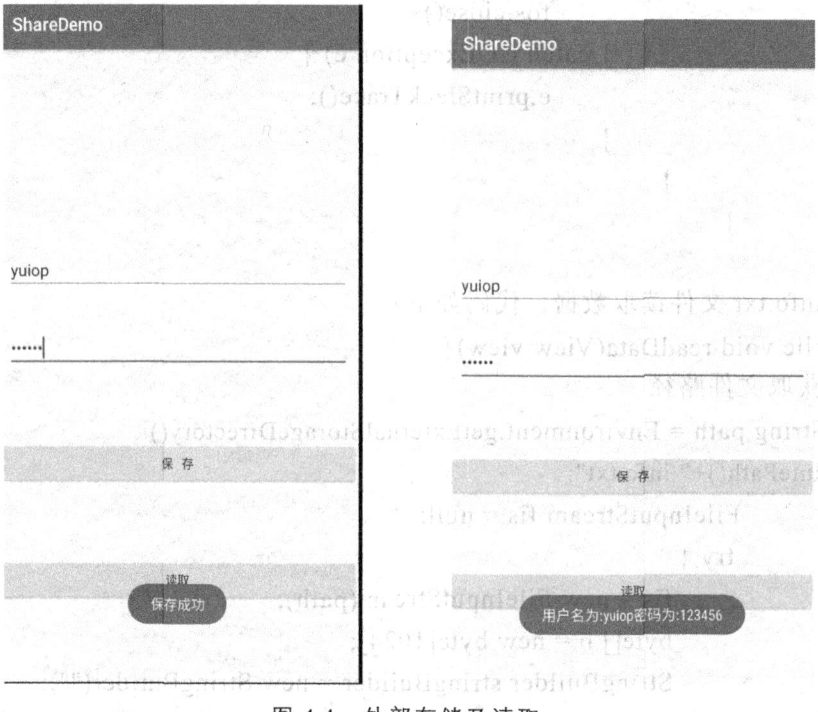

图 4.4　外部存储及读取

外部文件存储的路径为/storage/emulated/0，通过 Terminal 控制台可以查看存储路径，如图 4.5 所示。

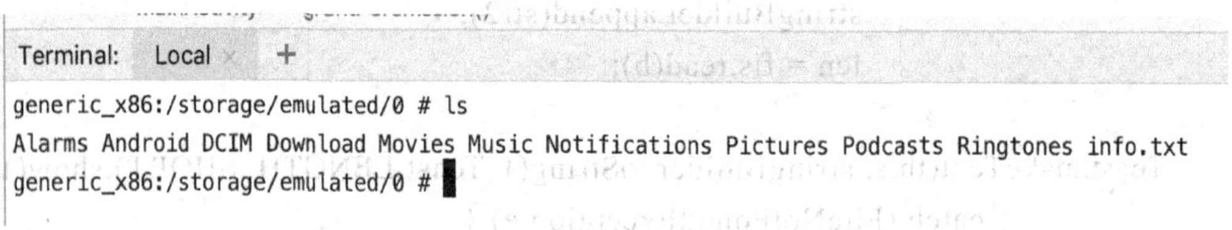

图 4.5　外部文件存储路径

4.4 使用数据库

4.4.1 数据库简介

数据库（DataBase）是按照数据结构来组织、存储和管理数据的仓库。在信息化社会，充分有效地管理和利用各类信息资源，是进行科学研究和决策管理的前提条件。数据库技术是管理信息系统、办公自动化系统、决策支持系统等各类信息系统的核心部分，是进行科学研究和决策管理的重要技术手段。

数据库的使用需要依赖数据库管理系统（DataBase Management System，DBMS）。数据库管理系统是对数据库中的数据进程统一管理和控制的软件系统。通常情况下，DBMS 有以下功能：

（1）数据库定义；

（2）数据库操作；

（3）数据库运行控制；

（4）数据通信；

（5）海量存取数据。

4.4.2 SQLite 简介

SQLite 是一款轻型的数据库，是遵守 ACID 的关联式数据库管理系统。它的设计目标是嵌入式的，而且目前已经在很多嵌入式产品中使用了它。它占用资源非常少，在嵌入式设备中，可能只需要几百千字节的内存就够了。它能够支持 Windows/Linux/Unix 等主流的操作系统，同时能够跟很多程序语言相结合，如 Tcl、PHP、Java、C++、.Net 等，还有 ODBC 接口，同样比起 MySQL、PostgreSQL 这两款开源的世界著名的数据库管理系统来讲，它的处理速度比它们都快。

1. SQLite 的特点

（1）轻量级。

SQLite 和 C/S 模式的数据库软件不同，它是进程内的数据库引擎，因此不存在数据库的客户端和服务器。使用 SQLite 一般只需要带上它的一个动态库，就可以使用它的全部功能。而且那个动态库也很小，以版本 3.6.11 为例，在 Windows 系统下为 487 KB，在 Linux 系统下为 347 KB。

（2）无须“安装”。

SQLite 的核心引擎本身不依赖第三方的软件，使用它也不需要“安装”，有点类似绿色软件。

（3）单一文件。

数据库中所有的信息（如表、视图等）都包含在一个文件内。这个文件可以自由复制到其他目录或其他机器上。

（4）跨平台/可移植性。

除了主流操作系统 Windows、Linux 之外，SQLite 还支持其他一些不常用的操作系统。

（5）弱类型的字段：同一列中的数据可以是不同类型的。

（6）开源。

2. SQLite 数据类型

一般数据采用的固定的是静态数据类型，而 SQLite 采用的是动态数据类型，会根据存入值自动判断。SQLite 具有以下 5 种常用的数据类型：

（1）NULL：这个值为空值。

（2）VARCHAR(n)：长度不固定且其最大长度为 n 的字串，n 不能超过 4000。

（3）CHAR(n)：长度固定为 n 的字串，n 不能超过 254。

（4）INTEGER：值被标识为整数，依据值的大小可以依次被存储为 1,2,3,4,5,6,7。

（5）REAL：所有值都是浮动的数值，被存储为 8 字节的 IEEE 浮动标记序号。

（6）TEXT：值为文本字符串，使用数据库编码存储(TUTF-8、UTF-16BE 或 UTF-16-LE)。

（7）BLOB：值是 BLOB 数据块，以输入的数据格式进行存储。如何输入就如何存储，不改变格式。

（8）DATA：包含了年份、月份、日期。

（9）TIME：包含了小时、分钟、秒。

3. SQLiteDatabase 的常用方法

Android 提供了创建和使用 SQLite 数据库的 API。SQLiteDatabase 代表一个数据库对象，提供了操作数据库的一些方法。在 Android 的 SDK 目录下有 SQLite3 工具，可以利用它创建数据库、创建表和执行一些 SQL 语句。表 4.1 列出了 SQLiteDataBase 的常用方法。

表 4.1 SQLiteDatabase 的常用方法

方法名称	说明
openOrCreateDatabase(String path,SQLiteDatabase.CursorFactory factory)	打开或创建数据库
insert(String table,String nullColumnHack,ContentValues values)	插入一条记录
delete(String table,String whereClause,String[] whereArgs)	删除一条记录
query(String table,String[] columns,String selection,String[] selectionArgs,String groupBy,String having,String orderBy)	查询一条记录
update(String table,ContentValues values,String whereClause,String[] whereArgs)	修改记录
execSQL(String sql)	执行一条 SQL 语句
close()	关闭数据库

（1）打开或创建数据库。

在 Android 中使用 SQLiteDatabase 的静态方法 openOrCreateDatabase(String path,SQLiteDatabase.CursorFactory factory)打开或者创建一个数据库。它会自动去检测是否存在这个数据库，如果存在则打开，不存在则创建一个数据库；如果创建成功则返回一个 SQLiteDatabase 对象，否则抛出异常 FileNotFoundException。

下面是创建名为“stu.db”数据库的代码：

```
openOrCreateDatabase(String path,SQLiteDatabae.CursorFactory factory)
```

参数 path：数据库创建的路径。

参数 factory：一般设置为 null。

```
db=SQLiteDatabase.openOrCreateDatabase("stu.db",null);
```

（2）创建表。

创建一张表的步骤：

① 编写创建表的 SQL 语句。

② 调用 SQLiteDatabase 的 execSQL()方法来执行 SQL 语句。

下面的代码创建了一张用户表，属性列为：id（主键并且自动增加）、sname（学生姓名）、snumber（学号）。

```
private void createTable(SQLiteDatabase db){
   //创建表 SQL 语句
   String stu_table="create table usertable(_id integer primary key "+
                    "autoincrement,sname text,snumber text)";
   //执行 SQL 语句
   db.execSQL(stu_table);
}
```

（3）插入数据。

插入数据有两种方法：

① SQLiteDatabase 的 insert(String table,String nullColumnHack,ContentValues values)方法。

参数 table：表名称。

参数 nullColumnHack：空列的默认值。

参数 values：ContentValues 类型的一个封装了列名称和列值的 Map。

② 编写插入数据的 SQL 语句，直接调用 SQLiteDatabase 的 execSQL()方法来执行。

第一种方法的代码：

```
private void insert(SQLiteDatabase db){
      //实例化常量值
      ContentValues cValue = new ContentValues();
      //添加用户名
      cValue.put("sname","xiaoming");
      //添加密码
```

```
        cValue.put("snumber","01005");
        //调用 insert()方法插入数据
        db.insert("stu_table",null,cValue);
    }
```

第二种方法的代码：

```
private void insert(SQLiteDatabase db){
        //插入数据 SQL 语句
        String stu_sql="insert into stu_table(sname,snumber) values('xiaoming','01005')";
        //执行 SQL 语句
        db.execSQL(sql);
}
```

（4）删除数据。

删除数据有两种方法：

① 调用 SQLiteDatabase 的 delete(String table,String whereClause,String[] whereArgs)方法。

参数 table：表名称。

参数 whereClause：删除数据要满足的条件。

参数 whereArgs：删除条件值数组。

② 编写删除 SQL 语句，调用 SQLiteDatabase 的 execSQL()方法来执行删除。

第一种方法的代码：

```
private void delete(SQLiteDatabase db) {
        //删除条件
        String whereClause = "id=?";
        //删除条件参数
        String[] whereArgs = {String.valueOf(2)};
        //执行删除
db.delete("stu_table",whereClause,whereArgs);
        }
```

第二种方法的代码：

```
private void delete(SQLiteDatabase db) {
        //删除 SQL 语句
        String sql = "delete from stu_table where _id = 6";
        //执行 SQL 语句
        db.execSQL(sql);
}
```

（5）修改数据。

修改数据有两种方法：

① 调用SQLiteDatabase的update(String table,ContentValues values,String whereClause,

String[] whereArgs)方法。

参数 table：表名称。

参数 values：跟行列 ContentValues 类型的键值对 Key-Value。

参数 whereClause：更新条件（where 字句）。

参数 whereArgs：更新条件数组。

② 编写更新的 SQL 语句，调用 SQLiteDatabase 的 execSQL 执行更新。

第一种方法的代码：

```
private void update(SQLiteDatabase db) {
    //实例化内容值
    ContentValues values = new ContentValues();
    //在 values 中添加内容
    values.put("snumber","101003");
    //修改条件
    String whereClause = "id=?";
    //修改添加参数
    String[] whereArgs={String.valuesOf(1)};
    //修改
    db.update("usertable",values,whereClause,whereArgs);
}
```

第二种方法的代码：

```
private void update(SQLiteDatabase db){
    //修改 SQL 语句
    String sql = "update stu_table set snumber = 654321 where id = 1";
    //执行 SQL
    db.execSQL(sql);
}
```

（6）查询数据。

在 Android 中查询数据是通过 Cursor 类来实现的，当使用 SQLiteDatabase.query() 方法时，会得到一个 Cursor 对象，Cursor 指向的就是每一条数据。它提供了很多有关查询的方法，具体方法如下：

```
public Cursor query(String table,String[] columns,String selection,String[] selectionArgs,
String groupBy,String having,String orderBy,String limit);
```

参数 table：表名称。

参数 columns：列名称数组。

参数 selection：条件字句，相当于 where。

参数 selectionArgs：条件字句，参数数组。

参数 groupBy：分组列。

参数 having：分组条件。

参数 orderBy：排序列。

参数 limit：分页查询限制。

参数 Cursor：返回值，相当于结果集 ResultSet。

Cursor 是一个游标接口，提供了遍历查询结果的方法，如移动指针方法 move()，获得列值方法 getString()等。Cursor 游标常用方法如表 4.2 所示。

表 4.2　Cursor 游标常用方法

方法名称	说明
getCount()	获得总的数据项数
isFirst()	判断是否第一条记录
isLast()	判断是否最后一条记录
moveToFirst()	移动到第一条记录
moveToLast()	移动到最后一条记录
move(int offset)	移动到指定记录
moveToNext()	移动到下一条记录
moveToPrevious()	移动到上一条记录
getColumnIndexOrThrow(String columnName)	根据列名称获得列索引
getInt(int columnIndex)	获得指定列索引的 int 类型值
getString(int columnIndex)	获得指定列缩影的 String 类型值

用 Cursor 来查询数据库中的数据，具体代码如下：

```
private void query(SQLiteDatabase db) {
    //查询获得游标
    Cursor cursor = db.query ("usertable",null,null,null,null,null,null);
    //判断游标是否为空
    if(cursor.moveToFirst() {
        //遍历游标
        for(int i=0;i<cursor.getCount();i++){
        cursor.move(i);
        //获得 ID
        int id = cursor.getInt(0);
        //获得用户名
        String username=cursor.getString(1);
        //获得密码
        String password=cursor.getString(2);
        //输出用户信息 System.out.println(id+":"+sname+":"+snumber);
        }
    }
}
```

（7）删除指定表。

编写插入数据的 SQL 语句，直接调用 SQLiteDatabase 的 execSQL()方法来执行。

```
private void drop(SQLiteDatabase db){
    //删除表的 SQL 语句
    String sql ="DROP TABLE stu_table";
    //执行 SQL
    db.execSQL(sql);
}
```

（8）SQLiteOpenHelper。

该类是 SQLiteDatabase 一个辅助类。主要生成一个数据库，并对数据库的版本进行管理。当在程序当中调用这个类的方法 getWritableDatabase()或者 getReadableDatabase()方法的时候，如果当时没有数据，那么 Android 系统就会自动生成一个数据库。SQLiteOpenHelper 是一个抽象类，我们通常需要继承它，并且实现里面的 3 个函数：

① onCreate(SQLiteDatabase)。

在数据库第一次生成的时候会调用这个方法，也就是说，只有在创建数据库的时候才会调用，当然也有一些其他的情况。一般使用此方法生成数据库表。

② onUpgrade(SQLiteDatabase，int，int)。

当数据库需要升级的时候，Android 系统会主动调用这个方法。一般在这个方法里边删除数据表，并建立新的数据表，当然是否还需要做其他的操作，完全取决于应用的需求。

③ onOpen(SQLiteDatabase)。

这是打开数据库时的回调函数，一般在程序中不常使用。

4. 数据库操作示例

以下通过示例来演示数据库的增、删、改、查操作。

（1）新建 Android 工程并命名为“SQLiteDemo”，主 Activity 继承自 AppCompat Activity。

（2）修改 MainActivity 的布局，添加 6 个按钮，分别用来创建数据库、更新数据库、插入数据、修改数据、查询数据、删除数据，代码如下：

```
<?xml version="1.0" encoding="utf-8"?>
<LinearLayout xmlns:android="http://schemas.android.com/apk/res/android"
    android:orientation="vertical"
    android:layout_width="fill_parent"
    android:layout_height="fill_parent"
    >
    <Button
        android:id="@+id/createDatabase"
        android:layout_width="fill_parent"
```

```
            android:layout_height="wrap_content"
            android:text="创建数据库"
            />
        <Button
            android:id="@+id/updateDatabase"
            android:layout_width="fill_parent"
            android:layout_height="wrap_content"
            android:text="更新数据库"
            />
        <Button
            android:id="@+id/insert"
            android:layout_width="fill_parent"
            android:layout_height="wrap_content"
            android:text="插入数据"
            />
        <Button
            android:id="@+id/update"
            android:layout_width="fill_parent"
            android:layout_height="wrap_content"
            android:text="更新数据"
            />
        <Button
            android:id="@+id/query"
            android:layout_width="fill_parent"
            android:layout_height="wrap_content"
            android:text="查询数据"
            />
        <Button
            android:id="@+id/delete"
            android:layout_width="fill_parent"
            android:layout_height="wrap_content"
            android:text="删除数据"
            />
    </LinearLayout>
```

（3）在 com.example.sqlitedemo 包下面新建类 StuDBHelper，并继承自 SQLiteOpenHelper。在 StuDBHelper 类中执行创建数据库及表。

```
    public class StuDBHelper extends SQLiteOpenHelper {
        private static final String TAG = "TestSQLite";
```

```
        public static final int VERSION = 1;
        //必须要有构造函数
    public StuDBHelper(Context context, String name, CursorFactory factory,
        int version) {
            super(context, name, factory, version);
        }
        // 当第一次创建数据库的时候，调用该方法
        public void onCreate(SQLiteDatabase db) {
            String sql = "create table stu_table(id int,sname varchar(20),sage in"+
"t,ssex varchar(10))";
            //输出创建数据库的日志信息
            Log.i(TAG, "create Database------------->");
            //execSQL 函数用于执行 SQL 语句
            db.execSQL(sql);
        }
        //当更新数据库的时候执行该方法
        public void onUpgrade(SQLiteDatabase db, int oldVersion, int newVersion) {
        //输出更新数据库的日志信息
        Log.i(TAG, "update Database------------->");
        }
    }
```

（4）在 MainActivity 类中给 6 个按钮添加单击事件，并执行相应的数据库操作。

```
    public class MainActivity extends AppCompatActivity {
    //声明各个按钮
        private Button createBtn;
        private Button insertBtn;
        private Button updateBtn;
        private Button queryBtn;
        private Button deleteBtn;
        private Button ModifyBtn;
        @Override
        public void onCreate(Bundle savedInstanceState) {
            super.onCreate(savedInstanceState);
            setContentView(R.layout.activity_main);
            //调用 creatView 方法
            creatView();
            //setListener 方法
            setListener();
```

```
    }
    //通过 findViewById 获得 Button 对象的方法
    private void creatView() {
        createBtn = (Button) findViewById(R.id.createDatabase);
        updateBtn = (Button) findViewById(R.id.updateDatabase);
        insertBtn = (Button) findViewById(R.id.insert);
        ModifyBtn = (Button) findViewById(R.id.update);
        queryBtn = (Button) findViewById(R.id.query);
        deleteBtn = (Button) findViewById(R.id.delete);
    }
    //为按钮注册监听的方法
    private void setListener() {
        createBtn.setOnClickListener(new CreateListener());
        updateBtn.setOnClickListener(new UpdateListener());
        insertBtn.setOnClickListener(new InsertListener());
        ModifyBtn.setOnClickListener(new ModifyListener());
        queryBtn.setOnClickListener(new QueryListener());
        deleteBtn.setOnClickListener(new DeleteListener());
    }
    //创建数据库的方法
    class CreateListener implements View.OnClickListener {
        @Override
        public void onClick(View v) {
            //创建 StuDBHelper 对象
            StuDBHelper dbHelper = new StuDBHelper(MainActivity.this, "stu_db",
null, 1);
            //得到一个可读的 SQLiteDatabase 对象
            SQLiteDatabase db = dbHelper.getReadableDatabase();
        }
    }
    //更新数据库的方法
    class UpdateListener implements View.OnClickListener {
        @Override
        public void onClick(View v) {
            // 数据库版本的更新,由原来的 1 变为 2
            StuDBHelper dbHelper = new StuDBHelper(MainActivity.this, "stu_db",
null, 2);
            SQLiteDatabase db = dbHelper.getReadableDatabase();
```

```java
            }
        }
        //插入数据的方法
        class InsertListener implements View.OnClickListener {
            @Override
            public void onClick(View v) {
                StuDBHelper dbHelper = new StuDBHelper(MainActivity.this, "stu_db",
null, 1);
                    //得到一个可写的数据库
                    SQLiteDatabase db = dbHelper.getWritableDatabase();
                    //生成 ContentValues 对象 //key:列名，value:想插入的值
                    ContentValues cv = new ContentValues();
                    //往 ContentValues 对象存放数据，键-值对模式
                    cv.put("id", 1);
                    cv.put("sname", "xiaoming");
                    cv.put("sage", 21);
                    cv.put("ssex", "male");
                    //调用 insert 方法，将数据插入数据库
                    db.insert("stu_table", null, cv);
                    //关闭数据库
                    db.close();
            }
        }
        //查询数据的方法
        class QueryListener implements View.OnClickListener {
            @Override
            public void onClick(View v) {
                StuDBHelper dbHelper = new StuDBHelper(MainActivity.this, "stu_db",
null, 1);
                    //得到一个可写的数据库
                    SQLiteDatabase db = dbHelper.getReadableDatabase();
                    //参数 1：表名
                    //参数 2：要想显示的列
                    //参数 3：where 子句
                    //参数 4：where 子句对应的条件值
                    //参数 5：分组方式
                    //参数 6：having 条件
                    //参数 7：排序方式
```

```
                Cursor cursor = db.query("stu_table", new String[]{"id", "sname",
"sage", "ssex"}, "id=?", new String[]{"1"}, null, null, null);
                while (cursor.moveToNext()) {
                    String name = cursor.getString(cursor.getColumnIndex("sname"));
                    String age = cursor.getString(cursor.getColumnIndex("sage"));
                    String sex = cursor.getString(cursor.getColumnIndex("ssex"));
                    System.out.println("query------->" + "姓名：" + name + " " + "年
龄：" + age + " " + "性别：" + sex);
                }
                //关闭数据库
                db.close();
            }
        }
        //修改数据的方法
        class ModifyListener implements View.OnClickListener {
            @Override
            public void onClick(View v) {
                StuDBHelper dbHelper = new StuDBHelper(MainActivity.this, "stu_db",
null, 1);
                //得到一个可写的数据库
                SQLiteDatabase db = dbHelper.getWritableDatabase();
                ContentValues cv = new ContentValues();
                cv.put("sage", "23");
                //where 子句 "?"是占位符号，对应后面的"1",
                String whereClause = "id=?";
                String[] whereArgs = {String.valueOf(1)};
                //参数 1 是要更新的表名
                //参数 2 是一个 ContentValeus 对象
                //参数 3 是 where 子句
                db.update("stu_table", cv, whereClause, whereArgs);
            }
        }
        //删除数据的方法
        class DeleteListener implements View.OnClickListener {
            @Override
            public void onClick(View v) {
                StuDBHelper dbHelper = new StuDBHelper(MainActivity.this, "stu_db",
null, 1);
```

```
                //得到一个可写的数据库
                SQLiteDatabase db = dbHelper.getReadableDatabase();
                String whereClauses = "id=?";
                String[] whereArgs = {String.valueOf(2)};
                //调用 delete 方法，删除数据
                db.delete("stu_table", whereClauses, whereArgs);
            }
        }
    }
```

程序运行结果如图 4.6 所示。

图 4.6　数据库操作

（5）使用 adb 命令查看数据库。

ls 命令用于列出当前目录下或者指定目录下的所有文件和目录。cd 命令用于进入目录。

① 在 Android Studio 的 Terminal 窗口输入 adb shell，按回车键，就进入了 Linux 命令行，现在就可以使用 Linux 的命令了。

② 参照图 4.7 进行操作，查看数据库。其中，“com.example.sqlitedemo”是 SQLiteDemo 工程应用程序包名，“stu_db”是数据库名。

```
generic_x86:/data/data # cd com.example.sqlitedemo
generic_x86:/data/data/com.example.sqlitedemo # ls
cache databases
generic_x86:/data/data/com.example.sqlitedemo # cd databases/
generic_x86:/data/data/com.example.sqlitedemo/databases # ls
stu_db stu_db-journal
generic_x86:/data/data/com.example.sqlitedemo/databases #
```

图 4.7　使用 adb 命令查看数据库

（6）输入 sqlite3 stu_db，按回车键，就进入了数据库，然后输入“.schema”就会看到该应用程序的所有表及建表语句，如图 4.8 所示。

```
generic_x86:/data/data/com.example.sqlitedemo/databases # sqlite3 stu_db
SQLite version 3.9.2 2017-07-21 07:45:23
Enter ".help" for usage hints.
sqlite> .schema
CREATE TABLE android_metadata (locale TEXT);
CREATE TABLE stu_table(id int,sname varchar(20),sage int,ssex varchar(10));
sqlite> .tables
android_metadata  stu_table
sqlite> select * from stu_table;
sqlite>
```

图 4.8　操作数据表

（7）之后就可以使用标准的 SQL 语句，查看刚才生成的数据库及对数据执行增、删、改、查操作了。

4.5　本章总结

本章主要讲解了 Android 中常用的几种数据存储方式以及使用实例讲解了具体的应用。本章所讲解的知识需要熟练掌握，特别是文件的外部存储以及 SQLite 数据的增、删、改查操作，在 Android 开发中经常使用。

4.6　课后习题

（1）什么是内部存储和外部存储？
（2）进行内部存储需要用到哪个类？
（3）外部存储如何判断外部存储介质的状态？
（4）什么是 SQLite？
（5）如何创建和打开数据库？

第 5 章　进程和线程

学习目标

（1）掌握 Android 进程和线程相关的概念。
（2）掌握 Android 异步任务 AsyncTask。
（3）掌握 Aandroid 的消息通信机制。
（4）掌握 Handler 的使用。

当某个应用组件启动且该应用没有运行其他任何组件时，Android 系统会使用单个执行线程为应用启动新的 Linux 进程。默认情况下，同一应用的所有组件在相同的进程和线程（称为“主线程”）中运行。如果某个应用组件启动且该应用已存在进程（因为存在该应用的其他组件），则该组件会在此进程内启动并使用相同的执行线程。但是，可以安排应用中的其他组件在单独的进程中运行，并为任何进程创建额外的线程。

5.1　进　程

默认情况下，同一应用的所有组件均在相同的进程中运行，且大多数应用都不会改变这一点。但是，如果发现需要控制某个组件所属的进程，则可在清单文件中执行此操作。各类组件元素的清单文件条目有<activity>、<service>、<receiver> 和 <provider>，它们均支持 android:process 属性，此属性可以指定该组件应在哪个进程运行。可以设置此属性，使每个组件均在各自的进程中运行，或者使一些组件共享一个进程，而其他组件则不共享。此外，还可以设置 android:process，使不同应用的组件在相同的进程中运行，但前提是这些应用共享相同的 Linux 用户 ID 并使用相同的证书进行签署。此外，<application>元素还支持 android:process 属性，以设置适用于所有组件的默认值。如果内存不足，而其他为用户提供更紧急服务的进程又需要内存时，Android 可能会决定在某一时刻关闭某一进程。在被终止进程中运行的应用组件也会随之清理掉。当这些组件需要再次运行时，系统将为它们重启进程。决定终止哪个进程时，Android 系统将权衡它们对用户的相对重要程度。例如，相对于托管可见 Activity 的进程而言，它更有可能关闭托管屏幕上不再可见的 Activity 的进程。因此，是否终止某个进程的决定取决于该进程中所运行组件的状态。下面介绍决定终止进程所用的规则。

进程的生命周期：Android系统将尽量长时间地保持应用进程，但为了新建进程或运行更重要的进程，最终需要移除旧进程来回收内存。为了确定保留或终止哪些进程，系统会根据进程中正在运行的组件以及这些组件的状态，将每个进程放入“重要性层次结构”中。必要时，系统会首先消除重要性最低的进程，然后是重要性略逊的进程，以此类推，以回收系统资源。

重要性层次结构一共有 5 级。下面按照重要程度介绍了各类进程（第一个进程最重要，将是最后一个被终止的进程）：

1. 前台进程

用户当前操作所必需的进程。如果一个进程满足以下任一条件，即视为前台进程：

（1）托管用户正在交互的 Activity（已调用 Activity 的 onResume()方法）。

（2）托管某个 Service，后者绑定到用户正在交互的 Activity。

（3）托管正在“前台”运行的 Service（服务已调用 startForeground()）。

（4）托管正执行一个生命周期回调的 Service（onCreate()、onStart()或onDestroy()）。

（5）托管正执行其 onReceive()方法的 BroadcastReceiver。

通常，在任意给定时间前台进程都为数不多。只有在内存不足以支持它们同时继续运行这一万不得已的情况下，系统才会终止它们。此时，设备往往已达到内存分页状态，因此需要终止一些前台进程来确保用户界面正常响应。

2. 可见进程

没有任何前台组件，但仍会影响用户在屏幕上所见内容的进程。如果一个进程满足以下任一条件，即视为可见进程：

（1）托管不在前台，但仍对用户可见的 Activity（已调用其 onPause()方法）。

例如，如果前台 Activity 启动了一个对话框，允许在其后显示上一个 Activity，则有可能会发生这种情况。

（2）托管绑定到可见（或前台）Activity 的 Service。

可见进程被视为是极其重要的进程，除非为了维持所有前台进程同时运行而必须终止，否则系统不会终止这些进程。

3. 服务进程

正在运行已使用 startService()方法启动的服务且不属于上述两个更高类别进程的进程。尽管服务进程与用户所见内容没有直接关联，但是它们通常在执行一些用户关心的操作（例如，在后台播放音乐或从网络下载数据）。因此，除非内存不足以维持所有前台进程和可见进程同时运行，否则系统会让服务进程保持运行状态。

4. 后台进程

包含目前对用户不可见的 Activity 的进程（已调用 Activity 的 onStop()方法）。这些进程对用户体验没有直接影响，系统可能随时终止它们，以回收内存供前台进程、可见进程或服务进程使用。通常会有很多后台进程在运行，因此它们会保存在LRU（最近最少使用）列表中，以确保包含用户最近查看的 Activity 的进程最后一个被终止。如果某个 Activity 正确实现了生命周期方法，并保存了其当前状态，则终止其进程不会对用户体验产生明显影响，因为当用户导航回该 Activity 时，Activity 会恢复其所有可见状态。

5. 空进程

不含任何活动应用组件的进程。保留这种进程的唯一目的是用作缓存，以缩短下次在其中运行组件所需的启动时间。为使总体系统资源在进程缓存和底层内核缓存之间保持平衡，系统往往会终止这些进程。

根据进程中当前活动组件的重要程度，Android 会将进程评定为它可能达到的最高级别。例如，如果某进程托管着服务和可见 Activity，则会将此进程评定为可见进程，而不是服务进程。

此外，一个进程的级别可能会因其他进程对它的依赖而有所提高，即服务于另一进程的进程其级别永远不会低于其所服务的进程。例如，如果进程 A 中的内容提供程序为进程 B 中的客户端提供服务，或者如果进程 A 中的服务绑定到进程 B 中的组件，则进程 A 始终被视为至少与进程 B 同样重要。

由于运行服务的进程其级别高于托管后台 Activity 的进程，因此启动长时间运行操作的 Activity 最好为该操作启动服务，而不是简单地创建工作线程，当操作有可能比 Activity 更加持久时尤要如此。例如，正在将图片上传到网站的 Activity 应该启动服务来执行上传，这样一来，即使用户退出 Activity，仍可在后台继续执行上传操作。使用服务可以保证，无论 Activity 发生什么情况，该操作至少具备“服务进程”优先级。同理，广播接收器也应使用服务，而不是简单地将耗时冗长的操作放入线程中。

5.2 线　程

应用启动时，系统会为应用创建一个名为“主线程”的执行线程。此线程非常重要，因为它负责将事件分派给相应的用户界面小部件，其中包括绘图事件。此外，它也是应用与 Android UI 工具包组件（来自 android.widget 和 android.view 软件包的组件）进行交互的线程。因此，主线程有时也称为 UI 线程。系统不会为每个组件实例创建单独的线程。运行于同一进程的所有组件均在 UI 线程中实例化，并且对每个组件的系统调用均由该线程进行分派。因此，响应系统回调的方法（例如，报告用户操作的 onKeyDown()或生命周期回调方法）始终在进程的 UI 线程中运行。例如，当用户触摸屏幕上的按钮时，应用的 UI 线程会将触摸事件分派给小部件，而小部件反过来又设置其按下状态，并将失效请求发布到事件队列中。UI 线程从队列中取消该请求并通知小部件应该重绘自身。

在应用执行繁重的任务以响应用户交互时，除非正确实现应用，否则这种单线程模式可能会导致性能低下。具体地讲，如果UI线程需要处理所有任务，则执行耗时很长的操作（如网络访问或数据库查询）将会阻塞整个UI。一旦线程被阻塞，将无法分派任何事件，包括绘图事件。从用户的角度来看，应用显示为挂起。更糟糕的是，如果UI线程被阻塞超过几秒钟时间（目前大约是5 s），用户就会看到一个让人厌烦的“应用无响应”(ANR)对话框。如果引起用户不满，他们可能就会决定退出并卸载此应用。

此外，Android UI工具包并非线程安全工具包。因此，不能通过工作线程操纵UI，而只能通过UI线程操纵用户界面。因此，Android的单线程模式必须遵守两条规则：

（1）不要阻塞UI线程。

（2）不要在UI线程之外访问Android UI工具包。

5.3 工作线程

根据上述单线程模式，要保证应用UI的响应能力，关键是不能阻塞UI线程。如果执行的操作不能很快完成，则应确保它们在单独的线程（“后台”或“工作”线程）中运行。例如，以下代码演示了一个点击监听器从单独的线程下载图像并将其显示在ImageView中：

```
public void onClick(View v) {
  new Thread(new Runnable() {
    public void run() {
      Bitmap b = loadImageFromNetwork("http://example.com/image.png");
      mImageView.setImageBitmap(b);
      }
    }).start();
}
```

乍看起来，这段代码似乎运行良好，因为它创建了一个新线程来处理网络操作。但是，它违反了单线程模式的第二条规则：不要在UI线程之外访问Android UI工具包——此示例从工作线程（而不是UI线程）修改了ImageView。这可能导致出现不明确、不可预见的行为或错误，但要跟踪此行为困难而又费时。为解决此问题，Android提供了几种途径来从其他线程访问UI线程。以下列出了几种有用的方法：

（1）Activity.runOnUiThread(Runnable)；

（2）View.post(Runnable)；

（3）View.postDelayed(Runnable, long)。

例如，可以通过使用 View.post(Runnable)方法修复上述代码：

```
public void onClick(View v) {
    new Thread(new Runnable() {
        public void run() {
            final Bitmap bitmap =
                loadImageFromNetwork("http://example.com/image.png");
            mImageView.post(new Runnable() {
                public void run() {
                    mImageView.setImageBitmap(bitmap);
                }
            });
        }
    }).start();
}
```

上述实现属于线程安全型：在单独的线程中完成网络操作，而在 UI 线程中操纵 ImageView。但是，随着操作日趋复杂，这类代码也会变得复杂且难以维护。要通过工作线程处理更复杂的交互，可以考虑在工作线程中使用 Handler 处理来自 UI 线程的消息。当然，最好的解决方案或许是扩展 AsyncTask 类，此类简化了与 UI 进行交互所需执行的工作线程任务。

5.4 使用 AsyncTask

AsyncTask 允许对用户界面执行异步操作。它会先阻塞工作线程中的操作，然后在 UI 线程中发布结果，而无须程序员亲自处理线程和/或处理程序。

要使用它，必须创建 AsyncTask 的子类并实现 doInBackground()回调方法，该方法将在后台线程池中运行。要更新 UI，应该实现 onPostExecute()以传递 doInBackground()返回的结果并在 UI 线程中运行，以便安全地更新 UI。稍后，可以通过从 UI 线程调用 execute()来运行任务。

例如，通过以下方式使用 AsyncTask 来实现上述示例：

```
public void onClick(View v) {
    new DownloadImageTask().execute("http://example.com/image.png");
}
private class DownloadImageTask extends AsyncTask<String, Void, Bitmap> {
    //此方法会在后台线程池中运行，参数来源于 execute()方法
    protected Bitmap doInBackground(String... urls) {
        return loadImageFromNetwork(urls[0]);
    }
//系统调用 doInBackground()返回的结果并在 UI 线程中运行，以便安全地更新 UI
```

```
    protected void onPostExecute(Bitmap result) {
        mImageView.setImageBitmap(result);
    }
}
```

在上述方法中，UI是安全的，代码也得到简化，因为任务分解成了两部分：一部分应在工作线程内完成，另一部分应在UI线程内完成。下面简要概述AsyncTask的工作方法。

（1）可以使用泛型指定参数类型、进度值和任务最终值；

（2）doInBackground()方法会在工作线程上自动执行；

（3）onPreExecute()、onPostExecute()和onProgressUpdate()均在UI线程中调用；

（4）doInBackground()返回的值将发送到onPostExecute()；

（5）可以随时在doInBackground()中调用publishProgress()，以在UI线程中执行onProgressUpdate()；

（6）可以随时取消任何线程中的任务。

以下示例讲解如何使用AsyncTask下载网络图片赋值给ImageView组件。

（1）新建Android工程，工程命名为“processDemo”。MainActivity继承自AppCompatActivity并实现View.OnClickListener接口。MainActivity的布局文件及代码如下。

```
<?xml version="1.0" encoding="utf-8"?>
<android.support.constraint.ConstraintLayout xmlns:android="http://schemas.android.com/apk/res/android"
    xmlns:app="http://schemas.android.com/apk/res-auto"
    xmlns:tools="http://schemas.android.com/tools"
    android:layout_width="match_parent"
    android:layout_height="match_parent"
    tools:context=".MainActivity">
    <ImageView
        android:id="@+id/image"
        android:layout_width="wrap_content"
        android:layout_height="wrap_content"
        app:layout_constraintEnd_toEndOf="parent"
        app:layout_constraintStart_toStartOf="parent"
        app:layout_constraintTop_toTopOf="parent"
        />
    <Button
        android:id="@+id/btn"
        android:layout_width="match_parent"
        android:layout_height="wrap_content"
```

```
        android:text="加载图片"
        app:layout_constraintTop_toBottomOf="@id/image"
        />
</android.support.constraint.ConstraintLayout>
```

（2）布局文件中上面有一个 ImageView，水平居中对齐，在 ImageView 下方有一个按钮，单击按钮时可以通过网络下载图片。

```
//MainActivity.java
public class MainActivity extends AppCompatActivity implements View.OnClickListener{
    private Button btn;
    private ImageView imageView;
    @Override
    protected void onCreate(Bundle savedInstanceState) {
        super.onCreate(savedInstanceState);
        setContentView(R.layout.activity_main);
        //在布局文件中查找到按钮
        this.btn = (Button)this.findViewById(R.id.btn);
        //在布局文件中查找到 ImageView
        this.imageView=(ImageView)this.findViewById(R.id.image);
       //给按钮添加单击监听器
        this.btn.setOnClickListener(this);
  }
  //单击按钮时，执行异步任务
    @Override
    public void onClick(View v) {
     DownLoadImageTask downLoadImageTask = new DownLoadImageTask();
     downLoadImageTask.execute("https://ss3.bdstatic.com/70cFv8Sh_Q1YnxGk
poWK1HF6hhy/it/u=1906157139,1821396612&fm=26&gp=0.jpg");
    }
  //声明一个异步任务类
    private class DownLoadImageTask extends AsyncTask<String, Void, Bitmap>{
        @Override
        protected Bitmap doInBackground(String... strings) {
            try {
                //构建网络地址
                URL url = new URL(strings[0]);
                //连接网络
                HttpURLConnection urlConnection = (HttpURLConnection)
url.openConnection();
```

```
                    InputStream is = urlConnection.getInputStream();
                    // 将 InputStream 转换成 Bitmap
                    Bitmap bp = BitmapFactory.decodeStream(is);
                    return bp;
                } catch (IOException e) {
                    e.printStackTrace();
                    Log.e("tag", "run: "+e.getMessage() );
                }
                return null;
            }

            @Override
            protected void onPostExecute(Bitmap bitmap) {
                //设置 ImageView 显示的图片
                imageView.setImageBitmap(bitmap);
            }
        }
    }
```

（3）程序运行结果如图 5.1 所示。

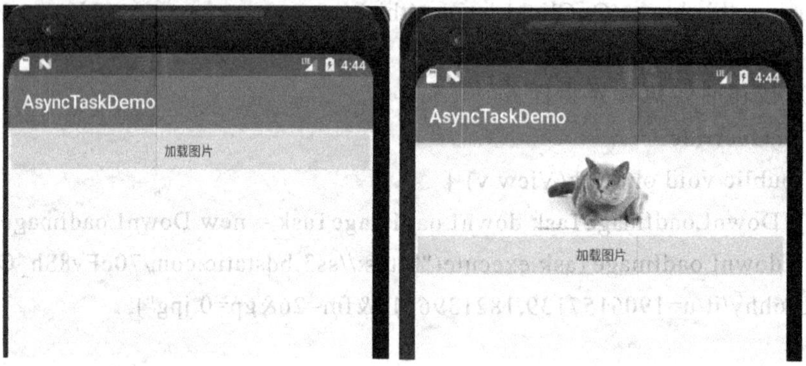

图 5.1　异步任务加载图片

5.5　Handler

Handler 是 Android 用来更新 UI 的一套机制，也是一套消息机制；可以通过它发送消息，也可以通过它处理消息。处理程序允许用户发送和处理消息与线程的 MessageQueue 相关联的可运行对象。每个处理程序实例都与单个线程和该线程的消息队列相关联。当创建一个新的处理程序时，它被绑定到创建它的线程/消息队列——从那时起，它将向该消息队列传递消息和可运行项，并在它们从消息队列中出来时执行它们。

Handler 处理消息机制涉及 Looper、MessageQueue、Message 这三者和 Handler

之间的关系，下面分别进行介绍。

1. Looper

每一个线程只有一个 Looper，每个线程在初始化 Looper 之后，Looper 会维护好该线程的消息队列，用来存放 Handler 发送的 Message，并处理消息队列出队的 Message。其特点是它跟它的线程是绑定的，处理消息也是在 Looper 所在的线程去处理，所以当我们在主线程创建 Handler 时，它就会跟主线程唯一的 Looper 绑定，从而我们使用 Handler 在子线程发消息时，最终也是在主线程处理，达到了异步的效果。为什么在使用 Handler 的时候从来都不需要创建 Looper 呢？这是因为在主线程中，ActivityThread 默认会把 Looper 初始化好，prepare 以后，当前线程就会变成一个 Looper 线程。

2. MessageQueue

MessageQueue 是一个消息队列，用来存放 Handler 发送的消息。每个线程最多只有一个 MessageQueue。MessageQueue 通常都是由 Looper 来管理，而主线程创建时，会创建一个默认的 Looper 对象，而 Looper 对象的创建，将自动创建一个 MessageQueue。其他非主线程，不会自动创建 Looper。

3. Message

消息对象，就是 MessageQueue 里面存放的对象，一个 MessageQueue 可以包括多个 Message。当需要发送一个 Message 时，一般不建议使用 new Message()的形式来创建，更推荐使用 Message.obtain()来获取 Message 实例。因为在 Message 类里面定义了一个消息池，当消息池里存在未使用的消息时则返回，如果没有未使用的消息，则通过 new 的方式创建返回，所以使用 Message.obtain()的方式来获取实例可以大大减少当有大量 Message 对象而产生的垃圾回收问题。

它们之间的关系如图 5.2 所示。

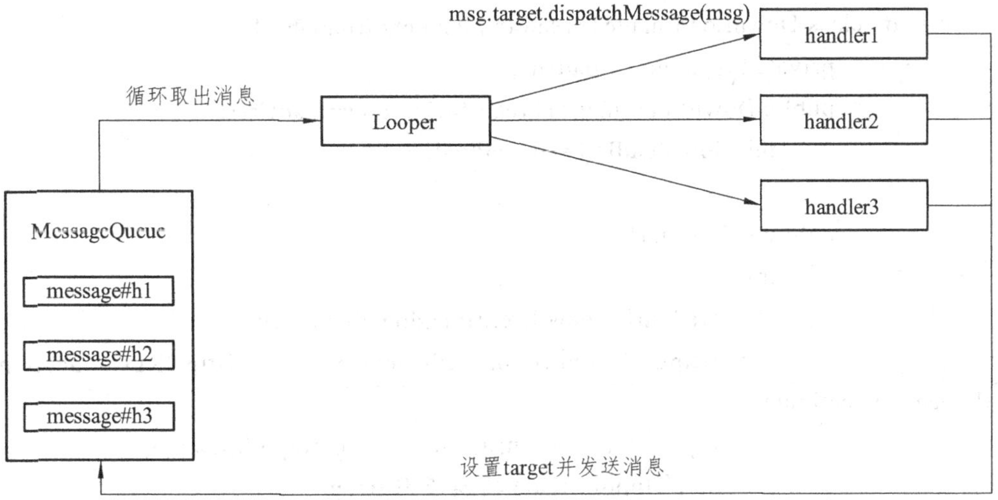

图 5.2　Looper、MessageQueue、Message、Hander 之间的关系

Handler 继承自 Object，一个 Handler 允许发送和处理 Message 或者 Runnable 对象，并且会关联到主线程的 MessageQueue 中。每个 Handler 具有一个单独的线程，并且关联到一个消息队列的线程，就是说一个 Handler 有一个固有的消息队列。当实例化一个 Handler 时，它就承载在一个线程和消息队列的线程，这个 Handler 可以把 Message 或 Runnable 压入消息队列，并且从消息队列中取出 Message 或 Runnable，进而操作它们。

Handler 主要有两个作用：

（1）在工作线程中发送消息。

（2）在 UI 线程中获取、处理消息。

上面介绍到 Handler 可以把一个 Message 对象或者 Runnable 对象压入消息队列中，进而在 UI 线程中获取 Message 或者执行 Runnable 对象，所以 Handler 把压入消息队列有两大体系，Post 和 sendMessage：

Post：允许把一个 Runnable 对象入队到消息队列中。它的方法有 post(Runnable)、postAtTime(Runnable,long)、postDelayed(Runnable,long)。

sendMessage：允许把一个包含消息数据的 Message 对象压入消息队列中。它的方法有 sendEmptyMessage(int)、sendMessage(Message)、sendMessageAtTime(Message,long)、sendMessageDelayed(Message,long)。

从上面的各种方法可以看出，不管是 post 还是 sendMessage 都具有多种方法，它们可以设定 Runnable 对象和 Message 对象被入队到消息队列中，是立即执行还是延迟执行。

以下示例演示了如何使用 Handler 从网络下载图片并通过 ImageView 显示。

（1）在 processDemo 工程中，在 MainActivity 中声明一个静态的 Hnalder，代码如下：

```
private static Handler handler=new Handler();
```

（2）新建一个 DownLoadImageThread 类实现 Runnable 接口，代码如下：

```
private class DownLoadImageThread implements Runnable{
        private String downloadUrl;
        public DownLoadImageThread(String downloadUrl){
            this.downloadUrl = downloadUrl;
        }
        public void run(){
            try {
                URL url = new URL(this.downloadUrl);
                HttpURLConnection urlConnection = (HttpURLConnection)
url.openConnection();
                InputStream is = urlConnection.getInputStream();
                // 将 InputStream 转换成 Bitmap
               final Bitmap bp = BitmapFactory.decodeStream(is);
```

```
                    //通过 hanlder 修改 UI 线程的 ImageView 组件
                    handler.post(new Runnable() {
                        @Override
                        public void run() {
                            imageView.setImageBitmap(bp);
                        }
                    });
                } catch (IOException e) {
                    e.printStackTrace();
                    Log.e("tag", "run: "+e.getMessage() );
                }
            }
}
```

（3）修改按钮的单击事件，代码如下：

```
@Override
  public void onClick(View v) {
    DownLoadImageThread downLoadImageThread = new DownLoadImageThread
("https://ss3.bdstatic.com/70cFv8Sh_Q1YnxGkpoWK1HF6hhy/it/u=1906157139,18213
96612&fm=26&gp=0.jpg");
    //启动线程
     new Thread(downLoadImageThread).start();
  }
```

（4）程序运行结果见图 5.1。

Handler 如果使用 sendMessage 的方式把消息入队到消息队列中，需要传递一个 Message 对象，而在 Handler 中，需要重写 handleMessage()方法，用于获取工作线程传递过来的消息，此方法运行在 UI 线程上。

Message 是一个 final 类，所以不可被继承。Message 封装了线程中传递的消息，如果对于一般的数据，Message 提供了 getData()和 setData()方法来获取与设置数据，其中操作的数据是一个 Bundle 对象，这个 Bundle 对象提供一系列的 getXxx()和 setXxx()方法用于传递基本数据类型的键值对，对于基本数据类型，使用起来很简单。而对于复杂的数据类型，如一个对象的传递就要相对复杂一些。在 Bundle 中提供了两个方法，专门用来传递对象的，但是这两个方法也有相应的限制，需要实现特定的接口，当然，一些 Android 自带的类，其实已经实现了这两个接口中的某一个，可以直接使用。方法如下：

putParcelable(String key,Parcelable value)：需要传递的对象类实现 Parcelable 接口。

pubSerializable(String key,Serializable value)：需要传递的对象类实现 Serializable 接口。

还有另外一种方式在 Message 中传递对象，那就是使用 Message 自带的 obj 属性传值，它是一个 Object 类型，所以可以传递任意类型的对象，Message 自带的有以下几个属性：

int arg1：参数 1，用于传递不复杂的数据，复杂数据使用 setData()传递。

int arg2：参数 2，用于传递不复杂的数据，复杂数据使用 setData()传递。

Object obj：传递一个任意的对象。

int what：定义的消息码，一般用于设定消息的标志。

对于 Message 对象，一般并不推荐直接使用它的构造方法得到，而是建议通过使用 Message.obtain()这个静态的方法或者 Handler.obtainMessage()获取。Message.obtain()会从消息池中获取一个 Message 对象，如果消息池中是空的，才会使用构造方法实例化一个新 Message，这样有利于消息资源的利用。并不需要担心消息池中的消息过多，它是有上限的，上限为 10 个。Handler.obtainMessage()具有多个重载方法，Handler.obtainMessage()在内部也是调用的 Message.obtain()。

以下示例演示了如何使用 Handler 处理消息，从网络下载图片并通过 ImageView 显示。

（1）新建 android 工程并命名为“processDemo2”，主 activity 布局和 processDemo 一样，在 MainActivity 中声明一个 Hnalder，代码如下：

```
private   Handler handler = new Handler() {
    // 在 Handler 中获取消息，重写 handleMessage()方法
        @Override
        public void handleMessage(Message msg) {
            // 判断消息码是否为 1
            if(msg.what==1){
             Bitmap bmp=(Bitmap)msg.obj;
             imageView.setImageBitmap(bmp);
        } }
    };
```

（2）新建 DownLoadImageThread 类实现 Runnable 接口，代码如下：

```
private class DownLoadImageThread implements Runnable{
        private String downloadUrl;
        public DownLoadImageThread(String downloadUrl){
            this.downloadUrl = downloadUrl;
        }
        public void run(){
            try {
                URL url = new URL(this.downloadUrl);
                HttpURLConnection urlConnection = (HttpURLConnection) url.
openConnection();
                InputStream is = urlConnection.getInputStream();
```

```
                // 将 InputStream 转换成 Bitmap
                final Bitmap bp = BitmapFactory.decodeStream(is);
                Message message = Message.obtain();
                message.what= 1;
                message.obj= bp;
                handler.sendMessage(message);
            } catch (IOException e) {
                e.printStackTrace();
                Log.e("tag", "run: "+e.getMessage() );
            }
        }
}
```

（3）在 onClick 方法中启动线程，程序如下：

```
 @Override
public void onClick(View v) {
    DownLoadImageThread downLoadImageThread = new DownLoadImageThread
("https://ss3.bdstatic.com/70cFv8Sh_Q1YnxGkpoWK1HF6hhy/it/u=1906157139,18213
96612&fm=26&gp=0.jpg");
    //启动线程
    new Thread(downLoadImageThread).start();
}
```

（4）程序运行结果见图 5.1。

5.6 本章总结

本章首先介绍了 Android 的进程和线程相关的概念，然后重点介绍了 AsyncTask 的使用、Android 的消息机制、Handler 的使用步骤。处理更复杂的线程间交互，可以考虑使用 Handle+Message，在 UI 线程中处理工作线程发送过来的消息，还可以继承 AsyncTask 类来简化工作线程发送消息到主线程中交互 UI 组件。

5.7 课后习题

（1）什么是进程？

（2）什么是多线程？

（3）新建线程有哪些方式？

（4）使用 AsyncTask 下载一张图片并显示在界面上。

第 6 章　服务组件

学习目标

（1）掌握 Service 组件的生命周期。
（2）掌握 Service 组件的两种启动方式和停止方式。
（3）掌握 Service 组件的通信。

Service（服务）是一个可以在后台执行长时间运行的操作组件。它不提供任何用户界面，作为与 Activity 同级的组件，它依旧是运行在主线程中。其他组件可以启动一个 Service，当这个 Service 启动之后便会在后台执行，这里需要注意，由于是在主线程中，所以我们需要另外开启一个线程来执行耗时操作。此外，一个组件还可以与一个 Service 进行绑定来实现组件之间的交互，甚至可以执行 IPC（Inter-Process Communication）进程间通信。Service 可以在后台执行很多任务，如处理网络事务、播放音乐、文件读写、与一个内容提供者交互等。服务分为以下两类：

本地服务（Local Service）：该服务依附在主进程上而不是独立的进程，这样在一定程度上节约了资源，另外，本地服务因为是在同一进程，所以不需要 IPC，也不需要 AIDL。相应地，bindService 会方便很多，当主进程被清理后，服务便会终止。本地服务一般使用在音乐播放器播放等不需要常驻的服务中。

远程服务(Remote Service)：该服务是独立的进程，对应进程名格式为所在包名加上指定的 android:process 字符串。一般定义方式为 android:process=":service"。由于它是独立的进程，所以当 Activity 所在的进程被清理时，该服务依然在运行，不受其他进程影响，有利于为多个进程提供服务，具有较高的灵活性。由于它是独立的进程，所以该服务会占用一定资源，并且使用 AIDL 进行 IPC 比较麻烦。远程服务一般用于系统的 Service，这种 Service 是常驻的。

Service 的启动方式分为以下两类：

启动：当应用组件（如 Activity）通过调用 startService()启动服务时，服务即处于“启动”状态。一旦启动，服务即可在后台无限期运行，即使启动服务的组件已被清理也不受影响。已启动的服务通常是执行单一操作，而且不会将结果返回给调用方。例如，它可能通过网络下载或上传文件。操作完成后，服务会自行停止运行。

绑定：当应用组件通过调用 bindService()绑定到服务时，服务即处于“绑定”状态。绑定服务提供了一个客户端-服务器接口，允许组件与服务进行交互、发送请求、获取结果，甚至是利用进程间通信（IPC）跨进程执行这些操作。仅当与另一个应用组件绑定时，绑定服务才会运行。多个组件可以同时绑定到该服务，但全部取消绑定后，该服务即会被清理。虽然本书是分开概括讨论这两种服务，但是服务可以同时以这两种方式运行，也就是说，它既可以是启动服务（以无限期运行），也允许绑定，即需要实现一组回调方法：onStartCommand()（允许组件启动服务）和 onBind()（允许绑定服务）。

无论应用是处于启动状态还是绑定状态，抑或是处于启动并且绑定状态，任何应用组件均可像使用 Activity 那样通过调用 Intent 来使用服务（即使此服务来自另一应用）。不过，也可以通过清单文件将服务声明为私有服务，并阻止其他应用访问。使用清单文件声明服务部分将对此做更详尽的阐述。

服务在其托管进程的主线程中运行，它既不创建自己的线程，也不在单独的进程中运行（除非另行指定）。这意味着，如果服务将执行任何 CPU 密集型工作或阻止性操作（如 MP3 播放或联网），则应在服务内创建新线程来完成这项工作。通过使用单独的线程，可以降低发生“应用无响应”（ANR）错误的风险，而应用的主线程仍可继续专注于运行用户与 Activity 之间的交互。

开发应用时应该使用服务还是线程？简单地说，服务是一种即使用户未与应用交互也可在后台运行的组件。因此，应当仅在必要时才创建服务。如需在主线程外部执行工作，只是在用户正在与应用交互时才有此需要，则应创建新线程而非服务。例如，如果只想在 Activity 运行的同时播放一些音乐，则可在 onCreate()中创建线程，在 onStart()中启动线程，然后在 onStop()中停止线程。可以考虑使用 AsyncTask 或 HandlerThread，而非传统的 Thread 类。

如果确实要使用服务，在默认情况下，它仍会在应用的主线程中运行，因此，如果服务执行的是密集型或阻止性操作，则应在服务内创建新线程。

要创建服务，必须创建 Service 的子类（或使用它的一个现有子类）。在实现中，需要重写一些回调方法，以处理服务生命周期的某些关键方面并提供一种机制将组件绑定到服务。应重写的最重要的回调方法包括以下几种：

onStartCommand()：当通过一个组件（如 Activity）调用 startService()请求启动服务时，系统将调用此方法。一旦执行此方法，服务即会启动并可在后台无限期运行。在服务工作完成后，通过调用 stopSelf()或 stopService()来停止服务（如果只想提供绑定，则无须实现此方法）。

onBind()：当通过一个组件调用 bindService()与服务绑定（如执行 RPC）时，系统将调用此方法。在此方法的实现中，必须通过返回 IBinder 提供一个接口，供客户端用来与服务进行通信。此方法必须实现，如果不希望绑定服务，则应返回 null。

onCreate()：首次创建服务时，系统将调用此方法来执行一些初始化工作（在调用 onStartCommand()或 onBind()之前）。如果服务已在运行，则不会调用此方法。

onDestroy()：当服务不再使用且将被清理时，系统将调用此方法。服务应该实现此方法来清理所有资源，如线程、注册的监听器、接收器等。这是服务接收的最后一个调用。

如果组件通过调用 startService()启动服务，接着会执行 onStartCommand()方法，服务将一直运行，直到服务使用 stopSelf()自行停止运行，或由其他组件通过调用

stopService()停止它为止。

如果组件是通过调用 bindService()来创建服务（且未调用 onStartCommand()，则服务只会在该组件与其绑定时运行。一旦该服务与所有客户端之间的绑定全部取消，系统便会清理它。

仅当内存过低且必须回收系统资源以供具有用户焦点的 Activity 使用时，Android 系统才会强制停止服务。如果将服务绑定到具有用户焦点的 Activity，则它不太可能会终止；如果将服务声明为在前台运行，则它几乎永远不会终止。或者，如果服务已启动并要长时间运行，则系统会随着时间的推移降低服务在后台任务列表中的权重，而服务也将随之变得非常容易被终止；如果服务是启动服务，则必须将其设计为能够妥善处理系统对它的重启。如果系统终止服务，那么一旦资源变得再次可用，系统便会重启服务（不过这还取决于从 onStartCommand()返回的值）。

6.1 创建服务

接下来将介绍如何创建各类服务以及如何从其他应用组件使用服务。

1. 创建启动服务

启动服务由另一个组件通过调用 startService()启动，这会导致调用服务的

onStartCommand()方法。服务启动之后，其生命周期即独立于启动它的组件（如 Activity），并且可以在后台无限期地运行，即使启动服务的组件已被清理也不受影响。因此，服务应通过调用 stopSelf()结束工作来自行停止运行，或者由另一个组件通过调用 stopService()来停止它。

应用组件（如 Activity）可以通过调用 startService()方法并传递 Intent 对象（指定服务并包含待使用服务的所有数据）来启动服务。服务通过 onStartCommand()方法接收此 Intent。例如，假设某 Activity 需要将一些数据保存到在线数据库中。该 Activity 可以启动一个协同服务，并通过向 startService()传递一个 Intent，为该服务提供要保存的数据。服务通过 onStartCommand()接收 Intent，连接到互联网并执行数据库事务。事务完成之后，服务会自行停止运行并随即被清理。

默认情况下，服务与服务声明所在的应用运行于同一进程，而且运行于该应用的主线程中。因此，如果服务在用户与来自同一应用的 Activity 进行交互时执行密集型或阻止性操作，则会降低 Activity 性能。为了避免影响应用性能，可以在服务内启动新线程。

一般情况下通过继承 Service 或者 IntentService 两个类来创建启动服务。

（1）Service：这是适用于所有服务的基类。扩展此类时，必须创建一个用于执行所有服务工作的新线程，因为默认情况下，服务将使用应用的主线程，这会降低应用正在运行的所有 Activity 的性能。

（2）IntentService：

这是 Service 的子类，它使用工作线程逐一处理所有启动请求。如果不要求服务

同时处理多个请求，这是最好的选择。只需实现 onHandleIntent()方法即可，该方法会接收每个启动请求的 Intent，然后执行后台工作。

扩展 IntentService 类：

由于大多数启动服务都不必同时处理多个请求（实际上，这种多线程情况可能很危险），因此使用 IntentService 类实现服务也许是最好的选择。IntentService 执行以下操作：

（1）创建默认的工作线程，用于在应用的主线程外执行传递给 onStartCommand()的所有 Intent。

（2）创建工作队列，用于将 Intent 逐一传递给 onHandleIntent()实现，这样就永远不必担心多线程问题。

（3）在处理完所有启动请求后停止服务，因此永远不必调用 stopSelf()。

（4）提供 onBind()的默认实现（返回 null）。

（5）提供 onStartCommand()的默认实现，可将 Intent 依次发送到工作队列和 onHandleIntent()实现。

综上所述，只需实现 onHandleIntent()来完成客户端提供的工作即可（不过，一般情况下还需要为服务提供构造函数）。以下是 IntentService 的实现示例：

```
    public class HelloIntentService extends IntentService {
      //必须有构造函数调用父类的构造函数，父类的构造函数有一个字符串参数
      public HelloIntentService() {
            super("HelloIntentService");
      }
  //创建工作队列，用于将 Intent 逐一传递给 onHandleIntent()实现，此方法返回//
时，服务也就停止
      @Override
      protected void onHandleIntent(Intent intent) {
            //方法体内执行如下载文件等操作
      }
  }
```

只需要一个构造函数和一个 onHandleIntent()实现即可。如果决定还要重写其他回调方法（如 onCreate()、onStartCommand()或 onDestroy()），应确保调用父类方法，以便 IntentService 能够妥善处理工作线程的生命周期。例如，onStartCommand()必须返回默认实现（即如何将 Intent 传递给 onHandleIntent()）。

```
@Override
public int onStartCommand(Intent intent, int flags, int startId) {
      Toast.makeText(this, "service starting", Toast.LENGTH_SHORT).show();
      return super.onStartCommand(intent,flags,startId);
}
```

以下通过示例来演示如何使用 IntentService 下载文件。

（1）新建 Android 工程并命名为“IntentServiceDemo”，主 Activity 继承自 AppCompatActivity，在布局文件中，添加一个按钮“启动服务下载文件”，单击按钮的时候启动一个服务并下载文件，文件下载完成后进行提示。主布局文件内容如下：

```
<?xml version="1.0" encoding="utf-8"?>
<android.support.constraint.ConstraintLayout
xmlns:android="http://schemas.android.com/apk/res/android"
        xmlns:app="http://schemas.android.com/apk/res-auto"
        xmlns:tools="http://schemas.android.com/tools"
        android:layout_width="match_parent"
        android:layout_height="match_parent"
        tools:context=".MainActivity">
        <Button
            android:layout_width="match_parent"
            android:layout_height="wrap_content"
            android:text="启动服务下载文件"
            android:onClick="startService"
            app:layout_constraintLeft_toLeftOf="parent"
            app:layout_constraintTop_toTopOf="parent" />
    </android.support.constraint.ConstraintLayout>
```

（2）新建 DownloadFileService 继承自 IntentService，程序如下：

```
public class DownloadFileService extends IntentService {
    public static final String NAME = "DOWNLOAD_FILE";
    public DownloadFileService() {
        super(NAME);
    }
    @Override
    protected void onHandleIntent( Intent intent) {
        //从 Intent 中获取下载文件的 url 地址
        String file_url = intent.getStringExtra("download_file_url");
        InputStream inputStream = null;
        FileOutputStream fileOutputStream = null;
        String path = Environment.getExternalStorageDirectory().
getAbsolutePath()+"/cat.jpg";
        try {
            URL url = new URL(file_url);
            HttpURLConnection httpURLConnection = (HttpURLConnection)
url.openConnection();
            inputStream = httpURLConnection.getInputStream();
```

```
            fileOutputStream = new FileOutputStream(new File(path));
            byte []data = new byte[1024];
            int length = inputStream.read(data);
            while(length !=-1){
                fileOutputStream.write(data,0,length);
                length = inputStream.read(data);
            }
            Log.i("DownloadFileService","true");
        } catch (IOException e) {
            e.printStackTrace();
        }finally {
            try{
                if(inputStream != null){
                    inputStream.close();
                }
                if(fileOutputStream != null){
                    fileOutputStream.close();
                }
            }catch (IOException e){
                e.printStackTrace();
            }
        }
    }
}
```

（3）在 MainActivity.java 中添加按钮单击事件函数，程序如下：

```
public class MainActivity extends AppCompatActivity {
//下载文件的 url 地址
    public static final String FILE_URL = "https://ss3.bdstatic.com/70cFv8Sh_
Q1YnxGkpoWK1HF6hhy/it/u=1906157139,1821396612&fm=26&gp=0.jpg";
    @Override
    protected void onCreate(Bundle savedInstanceState) {
        super.onCreate(savedInstanceState);
        setContentView(R.layout.activity_main);
//存储文件到外部存储，需要通过程序动态获取权限
        grantPersmssion();
    }
public void startService(View view){
    //构建显示的 intent
```

```
            Intent intent = new Intent(this,DownloadFileService.class);
            //给 DownloadFileService 传递下载文件的地址
            intent.putExtra("download_file_url",FILE_URL);
            //启动服务
            startService(intent);
        }
        public void grantPersmssion(){
            if (ActivityCompat.checkSelfPermission(this, Manifest.permission.WRITE_
EXTERNAL_STORAGE) != PackageManager.PERMISSION_GRANTED) {
                ActivityCompat.requestPermissions(this, new String[]{Manifest.permission.
WRITE_EXTERNAL_STORAGE},1);
            }
        }
    }
```

（4）在清单文件中配置 Service 作为 application 元素的子元素，代码如下：

```
<service android:name=".DownloadFileService"></service>
```

（5）配置 Android 网络安全性，参考第 4.3 节的外部文件存储。

（6）程序运行后通过 adb shell 查看文件的存储，保存到外部存储的文件名称为 cat.jpt，如图 6.1 所示。

```
Terminal:  Local ×  +
pengyuandeMacBook-Pro:IntentServiceDemo yuanjinpeng$ adb shell
generic_x86:/ $ su root
generic_x86:/ # cd /storage/emulated/0
generic_x86:/storage/emulated/0 # ls
Alarms Android DCIM Download Movies Music Notifications Pictures Podcasts Ringtones cat.jpg info.txt
generic_x86:/storage/emulated/0 #
```

图 6.1　使用服务下载文件

扩展服务类：

正如上一部分中所述，使用 IntentService 显著简化了启动服务的实现。但是，若要求服务执行多线程（而不是通过工作队列处理启动请求），则可扩展 Service 类来处理每个 Intent。为了便于比较，以下提供了 Service 类实现的代码示例，该类执行的工作与上述使用 IntentService 的示例完全相同。也就是说，对于每个启动请求，它均使用工作线程执行作业，且每次仅处理一个请求。

```
public class HelloService extends Service {
    private Looper mServiceLooper;
    private ServiceHandler mServiceHandler;
    // 新建 Handler 用于处理消息
    private final class ServiceHandler extends Handler {
        public ServiceHandler(Looper looper) {
```

```
            super(looper);
        }
        @Override
        public void handleMessage(Message msg) {
            //这里执行相关的工作
            .........
          //使用 startid 停止服务,这样我们就不会停止正在处理另一个作业的服务
            stopSelf(msg.arg1);
        }
    }
    @Override
    public void onCreate() {
     /* 启动运行服务的线程
      HandlerThread thread = new HandlerThread("ServiceStartArguments",
              Process.THREAD_PRIORITY_BACKGROUND);
      thread.start();
  //初始化循环队列以及处理消息的 Handler
   mServiceLooper = thread.getLooper();
      mServiceHandler = new ServiceHandler(mServiceLooper);
    }
    @Override
    public int onStartCommand(Intent intent, int flags, int startId) {
        Toast.makeText(this, "service starting", Toast.LENGTH_SHORT).show();
        //对于每个启动请求，发送消息以启动作业并传递启动 ID，这样就知道
        //完成作业时要停止哪个请求
        Message msg = mServiceHandler.obtainMessage();
        msg.arg1 = startId;
        mServiceHandler.sendMessage(msg);
        // 如果服务被清理，从这里回来后，重新开始
        return START_STICKY;
    }
    @Override
    public IBinder onBind(Intent intent) {
        // 不需要绑定服务，所以返回 null
        return null;
    }
    @Override
    public void onDestroy() {
```

```
            Toast.makeText(this, "service done", Toast.LENGTH_SHORT).show();
        }
    }
```

正如上面的代码所示，与使用 IntentService 相比，继承 Service 需要执行更多工作。但是，因为是对 onStartCommand()的每个调用，所以可以同时执行多个请求。此示例并未这样做，但如果希望同时执行多个任务，则可为每个请求创建一个新线程，然后立即运行这些线程（而不是等待上一个请求完成）。注意：onStartCommand()方法必须返回整型数。整型数是一个值，用于描述系统应该如何在服务终止的情况下继续运行服务（如上所述，IntentService 的默认实现已处理了这种情况，不过可以对其进行修改）。从 onStartCommand()返回的值必须是以下常量之一：

- START_NOT_STICKY：如果系统在 onStartCommand()返回后终止服务，则除非有挂起 Intent 要传递，否则系统不会重建服务。这是最安全的选项，可以避免在不必要时以及应用能够轻松重启所有未完成的作业时运行服务。
- START_STICKY：如果系统在 onStartCommand()返回后终止服务，则会重建服务并调用 onStartCommand()，但不会重新传递最后一个 Intent。相反，除非有挂起 Intent 要启动服务（在这种情况下，将传递这些 Intent），否则系统会通过空 Intent 调用 onStartCommand()。这适用于不执行命令、但无限期运行并等待作业的媒体播放器（或类似服务）。
- START_REDELIVER_INTENT：如果系统在 onStartCommand()返回后终止服务，则会重建服务，并通过传递给服务的最后一个 Intent 调用 onStartCommand()。任何挂起 Intent 均依次传递。这适用于主动执行应该立即恢复的作业（如下载文件）的服务。

通过将 Intent（指定要启动的服务）传递给 startService()，从 Activity 或其他应用组件启动服务。Android 系统调用服务的 onStartCommand()方法，并向其传递 Intent（切勿直接调用 onStartCommand()）。startService()方法将立即返回，且 Android 系统调用服务的 onStartCommand()方法。如果服务尚未运行，则系统会先调用 onCreate()，然后再调用 onStartCommand()。多个服务启动请求会导致多次对服务的 onStartCommand()进行相应的调用。但是，要停止服务，只需一个服务停止请求（使用 stopSelf()或 stopService()）即可。

启动服务必须管理自己的生命周期。也就是说，除非系统必须回收内存资源，否则系统不会停止或清理服务，而且服务在 onStartCommand()返回后会继续运行。因此，服务必须通过调用 stopSelf()自行停止运行，或者由另一个组件通过调用 stopService()来停止它。一旦请求使用 stopSelf()或 stopService()停止服务，系统就会尽快清理服务。但是，如果服务同时处理多个 onStartCommand()请求，则不应在处理完一个启动请求之后停止服务，因为服务可能已经收到了新的启动请求（在第一个请求结束时停止服务会终止第二个请求）。为了避免这一问题，可以使用 stopSelf(int)确保服务停止请求始终基于最近的启动请求。也就说，在调用 stopSelf(int)时，传递与停止请求的 ID 对应的启动请求的 ID（传递给 onStartCommand()的 startId）。

然后，如果能够调用 stopSelf(int)之前服务收到了新的启动请求，ID 就不匹配，服务也就不会停止。

2. 创建绑定服务

绑定服务允许应用组件通过调用 bindService()与其绑定，以便创建长期连接（通常不允许组件通过调用 startService()来启动它）。如需与 Activity 和其他应用组件中的服务进行交互，或者需要通过进程间通信(IPC)向其他应用公开某些应用功能，则应创建绑定服务。

要创建绑定服务，必须实现 onBind()回调方法以返回 IBinder，用于定义与服务通信的接口。然后，其他应用组件可以调用 bindService()来检索该接口，并开始对服务调用方法。服务只用于与其绑定的应用组件，因此如果没有组件绑定到服务，则系统会清理服务（不必按通过 onStartCommand()启动的服务那样来停止绑定服务）。

要创建绑定服务，首先必须定义指定客户端如何与服务通信的接口。服务与客户端之间的这个接口必须是 IBinder 的实现，并且服务必须从 onBind()回调方法返回它。一旦客户端收到 IBinder，即可开始通过该接口与服务进行交互。多个客户端可以同时绑定到服务。客户端完成与服务的交互后，会调用 unbindService()取消绑定。一旦没有客户端绑定到该服务，系统就会清理它。

如果服务仅供本地应用使用，不需要跨进程工作，则可以实现自有 Binder 类，让客户端通过该类直接访问服务中的公共方法。以下是具体的设置方法：

（1）在服务中，创建一个可满足下列任一要求的 Binder 实例：

① 包含客户端可调用的公共方法；

② 返回当前 Service 实例，其中包含客户端可调用的公共方法；

③ 或返回由服务承载的其他类的实例，其中包含客户端可调用的公共方法。

（2）从 onBind()回调方法返回此 Binder 实例。

（3）在客户端中，从 onServiceConnected()回调方法接收 Binder，并使用提供的方法调用绑定服务。

应用组件（客户端）可通过调用 bindService()绑定到服务。Android 系统随后调用服务的 onBind()方法，该方法返回用于与服务交互的 IBinder。

注：只有 Activity、服务和内容提供程序可以绑定到服务，而无法从广播接收器绑定到服务。

因此，要想从客户端绑定到服务，必须：

（1）实现 ServiceConnection，重写两个回调方法：

① onServiceConnected()：系统会调用该方法以传递服务的 onBind()方法返回的 IBinder。

② onServiceDisconnected()：Android 系统会在与服务的连接意外中断时（如当服务崩溃或被终止时）调用该方法。当客户端取消绑定时，系统“不会”调用该方法。

（2）调用 bindService()，传递 ServiceConnection 实现。

（3）当系统调用 onServiceConnected()回调方法时，可以使用接口定义的方法开始调用服务。调用 unbindService()断开与服务的连接。

如果应用在客户端仍绑定到服务时清理客户端，则该清理操作会导致客户端取消绑定。更好的做法是在客户端与服务交互完成后立即取消绑定客户端。这样可以关闭空闲服务。

绑定是异步的。客户端可通过将此 ServiceConnection 传递至 bindService()绑定到服务。例如：

```
Intent intent = new Intent(this, MyService.class);
bindService(intent, mConnection, Context.BIND_AUTO_CREATE);
```

bindService()的第一个参数是一个 Intent，用于显式命名要绑定的服务（但 Intent 可能是隐式的），第二个参数是 ServiceConnection 对象，第三个参数是一个指示绑定选项的标志。它通常应该是 BIND_AUTO_CREATE，以便创建尚未激活的服务。其他可能的值为 BIND_DEBUG_UNBIND、BIND_NOT_FOREGROUND 或 0（表示无）。

以下示例讲解如何创建绑定服务。

（1）新建 android 工程并命名为“BindServiceDemo”，主 Activity 继承自 AppCompatActi

vity，在布局文件中，添加一个按钮“启动绑定服务”，单击按钮时启动一个绑定的服务。主布局文件内容如下：

```
    <?xml version="1.0" encoding="utf-8"?>
<android.support.constraint.ConstraintLayout xmlns:android="http://schemas.android.
com/apk/res/android"
    xmlns:app="http://schemas.android.com/apk/res-auto"
    xmlns:tools="http://schemas.android.com/tools"
    android:layout_width="match_parent"
    android:layout_height="match_parent"
    tools:context=".MainActivity">
    <Button
        android:id="@+id/button"
        android:layout_width="0dp"
        android:layout_height="wrap_content"
        android:text="启动绑定服务"
        app:layout_constraintEnd_toEndOf="parent"
        app:layout_constraintStart_toStartOf="parent"
        app:layout_constraintTop_toTopOf="parent"
        android:onClick="startBinderService"
        />
</android.support.constraint.ConstraintLayout>
```

（2）在 com.example.bindservicedemo 包下新建 DownLoadImageTask 类并继承自 AsyncTask，程序如下：

```
public class DownLoadImageTask extends AsyncTask<String, Void, Void> {
    @Override
    protected Void doInBackground(String... strings) {
        String file_url = strings[0];
        InputStream inputStream = null;
        FileOutputStream fileOutputStream = null;
        String path = Environment.getExternalStorageDirectory().getAbsolutePath()
+ "/cat.jpg";
        try {
            URL url = new URL(file_url);
            HttpURLConnection httpURLConnection = (HttpURLConnection)
url.openConnection();
            inputStream = httpURLConnection.getInputStream();
            fileOutputStream = new FileOutputStream(new File(path));
            byte[] data = new byte[1024];
            int length = inputStream.read(data);
            while (length != -1) {
                fileOutputStream.write(data, 0, length);
                length = inputStream.read(data);
            }
            Log.i("DownLoadImageTask", "完成下载");
        } catch (IOException e) {
            e.printStackTrace();
        } finally {
            try {
                if (inputStream != null) {
                    inputStream.close();
                }
                if (fileOutputStream != null) {
                    fileOutputStream.close();
                }
            } catch (IOException e) {
                e.printStackTrace();
            }
        }
        return null;
    }
}
```

（3）在 com.example.bindservicedemo 包下新建 MyService 继承自 Service，程序如下：

```
public class MyService extends Service {
//服务创建
@Override
public void onCreate() {
    super.onCreate();
}
// 服务启动
@Override
public int onStartCommand(Intent intent, int flags, int startId) {
    Log.i("MyService","onStartCommand");
    return super.onStartCommand(intent,flags,startId);
}
public void downLoadFile(String file_url){
    DownLoadImageTask downLoadImageTask = new DownLoadImageTask();
    downLoadImageTask.execute(file_url);
}
//服务清理
@Override
public void onDestroy() {
    stopSelf(); //停止服务
    super.onDestroy();
    Log.i("MyService","服务清理");
}
//绑定服务
@Override
public IBinder onBind(Intent intent) {
    return new MyBinder();
}
// IBinder 是远程对象的基本接口，是为高性能而设计的轻量级远程调用机制的
//核心部分。但它不仅用于远程调用，也用于进程内调用这个接口定义了与远程
//对象交互的协议
    // 不要直接实现这个接口，而应该从 Binder 派生
    // Binder 类已实现了 IBinder 接口
    class MyBinder extends Binder {
        /** * 获取 Service 的方法 * @return 返回 PlayerService */
```

```
            public MyService getService(){
                  return MyService.this;
            }
      }
}
```

（4）在清单文件 AndroidManifest.xml 文件中配置服务以及访问网络的权限，代码如下：

```
<uses-permission android:name="android.permission.INTERNET"/>
<uses-permission
android:name="android.permission.WRITE_EXTERNAL_STORAGE"/>
//<service>元素配置在<application>标签中
      <service android:name=".MyService" android:enabled="true"
android:exported="true"></service>
```

（5）在 MainActivity 类中对 MyService 进行绑定，如使用调用 MyService 服务中的方法下载文件，代码如下：

```
public class MainActivity extends AppCompatActivity {
      //文件下载地址
      public static final String FILE_URL = "https://ss3.bdstatic.com/70cFv8Sh_
Q1YnxGkpoWK1HF6hhy/it/u=1906157139,1821396612&fm=26&gp=0.jpg";
      private MyService myService;
      @Override
      protected void onCreate(Bundle savedInstanceState) {
            super.onCreate(savedInstanceState);
            setContentView(R.layout.activity_main);
            Intent intent = new Intent(this,MyService.class);
            intent.putExtra("FILE_URL",FILE_URL);
            //绑定服务
            bindService(intent, serviceConnection,  Context.BIND_AUTO_CREATE);
            //对外部存储文件授权
            grantPersmssion();
      }
//单击按钮调用服务的下载文件
public void startBinderService(View view){
            this.myService.downLoadFile(FILE_URL);
      }
      @Override
      protected void onDestroy() {
            super.onDestroy();
```

```
        unbindService(serviceConnection);// 解除绑定，断开连接
    }
    public void grantPersmssion(){
        if (ActivityCompat.checkSelfPermission(this, Manifest.permission.WRITE_
EXTERNAL_STORAGE) != PackageManager.PERMISSION_GRANTED) {
            ActivityCompat.requestPermissions(this, new String[]{Manifest.permission.
WRITE_EXTERNAL_STORAGE},1);
        }
    }
    // 在 Activity 中，通过 ServiceConnection 接口来取得建立连接与连接意外
    // 丢失的回调
    ServiceConnection serviceConnection = new ServiceConnection() {
        @Override
        public void onServiceConnected(ComponentName name, IBinder service)
{
            // 建立连接
            // 获取服务的操作对象
            MyService.MyBinder binder = (MyService.MyBinder) service;
            myService = binder.getService();// 获取到的 Service 即 MyService
        }
        @Override
        public void onServiceDisconnected(ComponentName name) {
        // 连接断开
        }
    };
}
```

6.2 本章总结

本章主要讲解了 Android 中 Service，首先讲解了服务的基本概念、创建与配置、启动和停止，接着讲解了服务和绑定服务的区别，以及通过示例讲解了具体的使用步骤。

6.3 课后习题

（1）简要说明 Service 的两种启动方式的特点。

（2）简要说明绑定服务的创建步骤。

（3）简要说明创建服务继承 IntentService 的优点。

（4）编写程序，要求程序关闭一段时间后，重新启动该程序。

第 7 章　广播接收器

学习目标

（1）掌握 Broadcast 编程基础。
（2）掌握静态注册 Broadcast 和动态注册 Broadcast。
（3）掌握 Notification 编程基础。

Android 应用程序可以发送或接收来自 Android 系统和其他 Android 应用程序的广播消息，类似于发布订阅设计模式。这些广播在相关事件发生时发送。例如，当各种系统事件发生时，如系统启动或设备开始充电时，Android 系统会发送广播。应用程序还可以发送自定义广播，通知其他应用程序它们可能感兴趣的内容（例如，已下载了一些新数据）。

应用程序可以注册接收感兴趣的广播。当发送广播时，系统自动将广播路由到订阅接收该特定类型广播的应用程序。一般来说，广播可以用作跨应用程序和正常用户流之外的消息传递系统。但是，如果滥用广播可能会导致系统性能变慢。

当各种系统事件发生时，如系统进入和退出飞行模式时，系统会自动发送广播。系统广播将发送到订阅接收事件的所有应用程序。广播消息包装在一个 Intent 对象中，该对象的操作字符串标识发生的事件的类型（如 android.intent.action.AIRPLANE_MODE）。Intent 还可能包括其他的附加信息。例如，飞行模式 Intent 包括一个布尔值，用于指示飞行模式是否打开。

7.1　接收广播

应用程序通过以下两种方式接收广播：静态注册，通过在清单文件中声明；动态注册，在程序运行中进行注册。

1. 静态注册

如果是通过静态注册广播接收器，系统在发送广播时，将启动应用程序（如果应用程序尚未运行）。以下步骤说明如何开发一个广播接收器并在清单文件中声明。

（1）写一个类并继承 BroadcastReceiver，实现 onReceive(Context,Intent)方法，广播接收器记录并显示广播的内容，代码如下：

```
public class MyBroadcastReceiver extends BroadcastReceiver {
    private static final String TAG = "MyBroadcastReceiver";
    @Override
    public void onReceive(Context context, Intent intent) {
        StringBuilder sb = new StringBuilder();
        sb.append("Action: " + intent.getAction() + "\n");
  sb.append("URI:"+intent.toUri(Intent.URI_INTENT_SCHEME).toString() + "\n");
        String log = sb.toString();
        Log.d(TAG, log);
        Toast.makeText(context, log, Toast.LENGTH_LONG).show();
    }
}
```

应用程序安装时，系统包管理器会注册接收器。然后接收器将成为应用程序的单独入口点，这意味着如果应用程序当前未运行，系统可以启动应用程序并发送广播。系统创建一个新的 BroadcastReceiver 组件对象来处理它接收的每个广播。此对象仅在调用 OnReceive（上下文、意图）期间有效。

（2）在清单文件中声明广播接收器，intent-filter 标签元素规定了接收哪些系统广播事件，代码如下：

```
<receiver android:name=".MyBroadcastReceiver"    android:exported="true">
  <intent-filter>
    <action android:name="android.intent.action.BOOT_COMPLETED"/>
    <action android:name="android.intent.action.INPUT_METHOD_CHANGED" />
  </intent-filter>
</receiver>
```

2. 动态注册

（1）在 context（如 Activity 或 Service）中注册广播，首先新建一个 BroadcastReceiver 对象，代码如下：

```
BroadcastReceiver br = new MyBroadcastReceiver();
```

（2）创建一个 IntentFilter 并通过调用 registerReceiver(BroadcastReceiver, IntentFilter)注册接收器。

```
IntentFilter filter = new IntentFilter(ConnectivityManager.CONNECTIVITY_ACTION);
filter.addAction(Intent.ACTION_AIRPLANE_MODE_CHANGED);
this.registerReceiver(br, filter);
```

上下文注册的接收器只要其注册上下文有效，就会接收广播。例如，如果在 Activity 上下文中注册，那么只要 Activity 没有被破坏，就会收到广播。如果注册系统上下文，那么只要应用程序运行，就会一直收到广播。

（3）取消接收广播，可以调用 unregisterReceiver(android.content.BroadcastReceiver)，

当不再需要接收器或上下文不再有效时，一定要确保注销接收器。注意注册和注销接收器的位置，例如，如果使用 Activity 的上下文在 onCreate（bundle）中注册接收器，则应在 onDestroy()中注销，以防止接收器从 Activity 上下文中泄漏。如果在 onResume()中注册了一个接收器，应该在 onPause()中注销，以防止多次注册。不要在 onSaveInstanceState（bundle）中注销，因为如果用户移回历史堆栈中，则不会调用此函数。

以下示例分别介绍如何使用静态注册和动态注册广播。

3. 静态注册广播示例

通过静态注册增加对 WiFi 状态变化时 Android 系统发送的广播事件过滤器，从而达到监听、检测 WiFi 状态变化。

（1）新建 android 工程并命名为“StaticBroDemo”，主 Activity 继承自 AppCompatActivity，采用默认布局方式。

（2）右击 com.example.staticbrodemo 包，New→Other→Broadcast Receiver，在 Class Name 中输入“WIFIStateChangedBroadcastReceiver”，选中“Exported”和“Enabled”，然后单击“Finish”，程序如下：

```
public class WIFIStateChangedBroadcastReceiver extends BroadcastReceiver {
    private final static String TAG = "WIFI 连接状况";
    @Override
    public void onReceive(Context context, Intent intent) {
        ConnectivityManager   connectivityManager=(ConnectivityManager)context.
getSystemService(context.CONNECTIVITY_SERVICE);
        NetworkInfo networkInfo = connectivityManager.getActiveNetworkInfo();
        if(networkInfo!=null && networkInfo.isAvailable()){
            Toast.makeText(context,  "network  is  available",Toast.LENGTH_
SHORT).show();
        }else{
            Toast.makeText(context, "network is unavailable",Toast.LENGTH_
SHORT).show();
        }
    }
}
```

在 onReceive()方法中，首先通过 getSystemService()方法得到了 ConnectivityManager 的实例，这是一个专门用于管理网络连接的系统服务类。然后调用它的 getActiveNetworkInfo()方法可以得到 NetworkInfo 的实例，接着调用 NetworkInfo 的 isAvailable()方法，就可以判断出当前是否有网络了，最后通过 Toast 的方式对用户进行提示。

（3）在清单文件中增加网络相关的权限，代码如下：

```
<!--网络状态权限-->
<uses-permission android:name="android.permission.
ACCESS_NETWORK_STATE" />
```

（4）在 AndroidManifest.xml 中静态注册一个 receiver，增加对网络状态变化时 Android 系统发送的广播事件过滤器，从而达到监听、检测网络状态变化。程序运行结果如图 7.1 所示。

```
<receiver android:name=".WIFIStateChangedBroadcastReceiver"
            android:enabled="true" android:exported="true">
    <intent-filter>
        <action android:name="android.net.wifi.STATE_CHANGE" />
        <action android:name="android.net.wifi.WIFI_STATE_CHANGED" />
    </intent-filter>
</receiver>
```

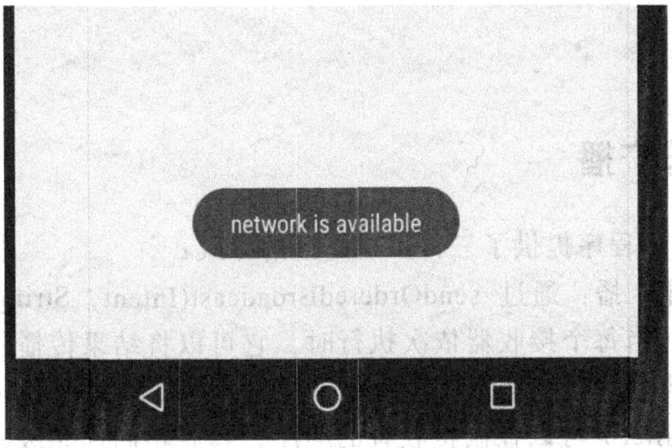

图 7.1　网络状态接收器

4. *动态注册广播示例*

通过动态注册增加对 WiFi 状态变化时 Android 系统发送的广播事件过滤器，从而达到监听、检测 WiFi 状态变化。

（1）在 StaticBroDemo 工程中将清单文件中声明的静态接收器注释掉。

（2）在 MainActivity 中通过程序动态注册网络状态接收器，代码如下：

```
public class MainActivity extends AppCompatActivity {
    //声明 WIFIStateChangedBroadcastReceiver 接收器
    private WIFIStateChangedBroadcastReceiver connectReceiver;
    @Override
    protected void onCreate(Bundle savedInstanceState) {
        super.onCreate(savedInstanceState);
        setContentView(R.layout.activity_main);
```

```
        //实例化 IntentFilter 对象，添加要接收的系统广播
        IntentFilter intentFilter = new IntentFilter();
        //网络状态
    intentFilter.addAction(WifiManager.NETWORK_STATE_CHANGED_ACTION);
        //初始化广播接收器
        connectReceiver = new WIFIStateChangedBroadcastReceiver();
        //注册广播接收器
        registerReceiver(connectReceiver,intentFilter);
    }
    @Override
    protected void onDestroy() {
        //取消广播接收器
        unregisterReceiver(connectReceiver);
        super.onDestroy();
    }
}
```

7.2 发送广播

Android 为应用程序提供了三种发送广播的方式：

（1）发送有序广播：通过 sendOrderedBroadcast(Intent，String)方法一次向一个接收器发送广播。当每个接收器依次执行时，它可以将结果传播到下一个接收器，或者完全中止广播，这样就不会将结果传递给其他接收器。使用 android:priority 属性（匹配 IntentFilter）可以控制接收者的顺序，具有相同优先级的接收者将以任意顺序运行。

（2）标准广播：通过 sendBroadcast(Intent)方法向所有接收器发送广播。

这种方式更有效，但意味着接收器无法从其他接收器读取结果。

（3）本地广播：LocalBroadcastManager.sendBroadcast 方法将广播发送到与发送方位于同一应用程序中的接收器。如果不需要跨应用程序发送广播，应使用本地广播。这样实现会更高效（不需要进程间通信），并且不需要担心与其他能够接收或发送广播的应用程序发生任何安全问题。

下列代码演示了如何通过创建 Intent 和调用 sendBroadcast(Intent)方法来发送广播。

```
Intent intent = new Intent();
intent.setAction("com.example.broadcast.MY_NOTIFICATION");
intent.putExtra("data","Notice me senpai!");
sendBroadcast(intent);
```

广播消息包装在 Intent 对象中。Intent 的动作字符串必须提供应用程序的 Java 包名称语法并唯一标识广播事件。可以使用 putExtra(String,Bundle)将附加信息附加

到 Intent 中，还可以通过调用 setPackage(String)将广播限制到同一组应用程序。

以下示例讲解标准广播和有序广播的使用。

（1）新建 Android 工程并命名为“OrderAndDisoraderBCDemo”，主 Activity 继承自 AppCompatActivity，在布局文件中加入两个按钮，分别显示为“发送标准广播”和“发送有序广播”，布局文件的代码如下：

```
<?xml version="1.0" encoding="utf-8"?>
<android.support.constraint.ConstraintLayout
xmlns:android="http://schemas.android.com/apk/res/android"
    xmlns:app="http://schemas.android.com/apk/res-auto"
    xmlns:tools="http://schemas.android.com/tools"
    android:layout_width="match_parent"
    android:layout_height="match_parent"
    tools:context=".MainActivity">
    <Button
        android:id="@+id/disorder_send_btn"
        android:layout_width="match_parent"
        android:layout_height="wrap_content"
        android:text="发送标准广播"
        app:layout_constraintTop_toTopOf="parent"
        android:onClick="sendBC"
        />
    <Button
        android:id="@+id/order_send_btn"
        android:layout_width="match_parent"
        android:layout_height="wrap_content"
        android:text="发送有序广播"
        app:layout_constraintTop_toBottomOf="@id/disorder_send_btn"
        android:onClick="sendBC"
        />
</android.support.constraint.ConstraintLayout>
```

（2）自定义二个继承了 BroadcastReceiver 的类来实现接收广播：

```
//BroadcastReveiver1.java
public class BroadcastReveiver1 extends BroadcastReceiver {
    @Override
    public void onReceive(Context context, Intent intent) {
        Log.d("BroadcastReceiver","BroadcastReveiver1 接收到广播");
    }
}
```

```
//BroadcastReveiver2.java
public class BroadcastReveiver2 extends BroadcastReceiver {
    @Override
    public void onReceive(Context context, Intent intent) {
        Log.d("BroadcastReceiver","BroadcastReveiver2 接收到广播");
    }
}
//BroadcastReveiver3.java
public class BroadcastReveiver3 extends BroadcastReceiver {
    @Override
    public void onReceive(Context context, Intent intent) {
        Log.d("BroadcastReceiver","BroadcastReveiver3 接收到广播");
    }
}
```

（3）在清单文件中注册广播接收器，代码如下：

```
<receiver android:name=".BroadcastReveiver1"
            android:enabled="true" android:exported="true">
    <intent-filter>
      <action android:name="com.example.orderanddisoraderbcdemo" />
    </intent-filter>
  </receiver>
  <receiver android:name=".BroadcastReveiver2"
            android:enabled="true" android:exported="true">
            <intent-filter android:priority="1">
                <action android:name="com.example.orderdemo" />
            </intent-filter>
    </receiver>
<receiver android:name=".BroadcastReveiver3"
            android:enabled="true" android:exported="true">
            <intent-filter android:priority="2">
                <action android:name="com.example.orderdemo" />
            </intent-filter>
</receiver>
```

（4）在 MainActivity.java 文件中添加按钮的单击事件，代码如下：

```
public class MainActivity extends AppCompatActivity {
    @Override
    protected void onCreate(Bundle savedInstanceState) {
        super.onCreate(savedInstanceState);
```

```
        setContentView(R.layout.activity_main);
    }
    public void    sendBC(View view){
        switch (view.getId()){
            case R.id.disorder_send_btn:
                sendBroadcast();
                break;
             case R.id.order_send_btn:
                  sendOrderedBroadcast();
                  break;

        }
    }
    //发送标准广播
    public void sendBroadcast(){
        Intent intent = new Intent();
        intent.setAction("com.example.orderanddisoraderbcdemo");
        this.sendBroadcast(intent);
    }
    //发送有序广播
    public void sendOrderedBroadcast(){
        Intent intent = new Intent();
        intent.setAction("com.example.orderdemo");
        this.sendOrderedBroadcast(intent,null);

    }
}
```

（5）程序运行后，单击发送标准广播和单击发送有序广播后效果如图 7.2 和图 7.3 所示。

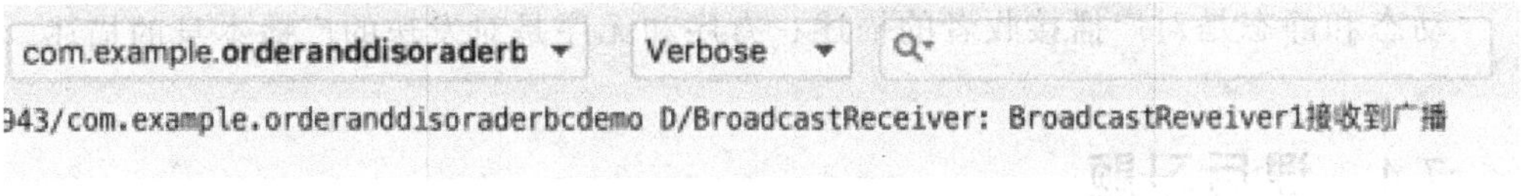

图 7.2　标准广播

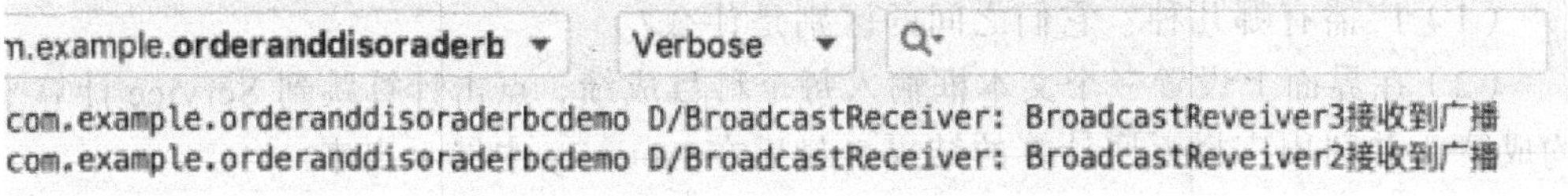

图 7.3　有序广播

在本例中三个广播接收器通过在清单文件中静态注册，为了使用不同的接收器接收不同的广播，在广播接收器的子元素<action>设置为不同的值，第一个广播器<intent-filter>的子元素为<action android:name="com.example.orderanddisoraderbcdemo"/>，第二个和第三个广播接收器<intent-filter>的子元素为<action android:name="com.example.orderdemo"/>。当发送标准广播时，设置 Intent 对象的 action 属性为“com.example.orderanddisoraderbcdemo”时，第一个广播接收器可以收到信息；当设置 Intent 对象的 action 属性为“com.example.orderdemo”时，第二个和第三个广播接收器可以收到信息。为了控制有序广播的接收顺序，设置了第二个广播接收器的 android:priority 的值为 1，第三个广播接收器的 android:priority 的值为 2，值越大越早收到广播信息，见图 7.3。

7.3 本章总结

本章首先介绍了广播接收器的概念，然后介绍了如何使用广播接收器的两种注册方法。

静态注册：在清单文件中注册，广播应该是一个外部类。

优点：程序不启动，一样能收到广播，一般用于推送（自己搭建）系统的处理信息。

缺点：占用资源较多。只有广播，系统会去匹配所有的接收者。

动态注册：一般都是匿名类代码中通过 Content 的 registerReceive 方法注册广播；在退出时一定需要解绑，否则可能出现异常。unRegisterReceiver 用于程序组件之间的消息传递，需要刷新 UI。

优点：程序占用资源少，及时释放。

缺点：一定需要组件启动，注册广播。

静态广播和动态广播指的是广播接收者的注册方式。静态广播接收者是在清单文件中用 XML 语句设置；动态广播接收者是在某个 Java 文件中使用 Java 代码注册。有序广播和无序广播指的是发送广播的方式：根据广播接收者的优先级来确定哪一个广播接收者先获得广播，无序广播不能被拦截，有序广播可以被拦截。

动态和静态是对广播接收者的描述；有序和无序是对发送的广播本身的描述。

7.4 课后习题

（1）广播有哪几种？它们之间的区别是什么？

（2）在界面上设置三个文本框输入每个科目成绩，点击计算跳到 Service 计算平均成绩，并利用广播返回计算的结果，最后在 Activity 中展示出来。

第 8 章　网络编程

学习目标

（1）掌握如何检查设备的网络连接情况。
（2）掌握如何连接至网络以及在界面线程外执行网络操作。
（3）掌握使用 Volley 请求数据。
（4）掌握解析 JSON 数据。

Android 网络编程知识是 Android 开发过程中必不可少的内容，在网络开发的过程中，我们通常要判断网络连接状态，请求网络数据会用到像 Volley、OkHttp、Retrofit 这些高度封装好的框架，这使得我们的开发很便利，但也屏蔽了相关的技术细节。而作为想要进一步学习深造的开发者来说，不但要会用，有时候更要理解其实现的原理，理解之后能促进我们更好地使用这些框架。

8.1　网络相关知识

8.1.1　OSI 七层网络模型

为了使不同的厂家生产的计算机能够通信，以便能在更大的范围内建立计算机网络，国际标准化组织（ISO）在 1978 年提出了开放系统互连参考模型，即 OSI/RM 模型（Open System Interconnection/Reference Model）。它将计算机网络体系结构的通信协议划分为七层，自下而上依次分别是：物理层、数据链路层、网络层、传输层、会话层、表示层、应用层。其中低四层完成数据传输，高三层面向用户。各层的作用如下：

物理层：在局部局域网上传送数据帧，负责管理计算机通信设备和网络媒体之间的互通，包括针脚、电压、线缆规范、集线器、中继器、网卡、主机适配器等。

数据链路层：负责网络寻址、错误侦测和改错。当表头和表尾被加至数据包时，会形成帧。数据链表头（DLH）包含物理地址和错误侦测及改错的方法。数据链表尾（DLT）是一串指示数据包末端的字符串，如以太网、无线局域网（WiFi）和通用分组无线服务（GPRS）等。数据链路层分为两个子层：逻辑链路控制（Logic Link Control，LLC）子层和介质访问控制（Media Access Control，MAC）子层。

网络层：决定数据的路径选择和转寄，将网络表头（NH）加至数据包，以形成分组。网络表头包含网络数据，互联网协议（IP）等。

传输层：把传输表头（TH）加至数据以形成数据包。传输表头包含所使用的协议等发送信息，传输控制协议（TCP）等。

会话层：负责在数据传输中设置和维护计算机网络中两台计算机之间的通信连接。

表达层：把数据转换为能与接收者的系统格式兼容并适合传输的格式。

应用层：提供为应用软件而设的接口，以设置与另一应用软件之间的通信，如 HTTP，HTTPS，FTP，TELNET，SSH，SMTP，POP3 等。

8.1.2 TCP/IP 四层模型

由于 OSI/RM 模型过于复杂难以实现，现实中广泛使用的是 TCP/IP 模型。TCP/IP 是一个协议集，是由 ARPA 网络(Advanced Research Projects Agency Network，美国高级研究计划署网络)于 1977—1979 年推出的一种网络体系结构和协议规范。随着 Internet 的发展，TCP/IP 得到进一步的研究和推广，成为 Internet 上的“通用模型”。

TCP/IP 模型在 OSI 模型的基础上进行了简化，去掉了 OSI 参考模型中的会话层和表示层（这两层的功能被合并到应用层实现），同时将 OSI 参考模型中的数据链路层和物理层合并为主机到网络层，变成了四层，从下到上分别为：网络接口层、网络层、传输层、应用层。OSI 模型与 TCP/IP 模型的对比如表 8.1 所示。

表 8.1　OSI 模型与 TCP/IP 模型的对比

OSI 七层模型	TCP/IP 四层模型	网络协议
应用层	应用层	HTTP（超文本传输协议） HTTPS（超文本传输安全协议） FTP（文件传输协议） SMTP（简单邮件传输协议） DNS（域名服务）等
表示层		
会话层		
传输层	传输层	TCP（传输控制协议） UDP（用户数据报协议）
网络层	网际互连层	IP（网际协议） ICMP（网络控制消息协议） IGMP（网络组管理协议）
数据链路层	网络接口层	以太网、WiFi 等
物理层		

IP 协议：网际协议，又称为互联网协议，是用于分组交换数据网络的一种协议。

IP 是 TCP/IP 协议族中网络层的主要协议，任务仅仅是根据源主机和目的主机的地址来传送数据。为此目的，IP 定义了寻址方法和数据报的封装结构。第一个架构的主要版本，现在称为 IPv4，仍然是最主要的互联网协议，尽管世界各地正在积极部署 IPv6。IP 的作用在于把各种数据包准确无误地传递给对方，其中两个重要的条件是 IP 地址和 MAC 地址（Media Access Control Address）。由于 IP 地址是稀有资源，不可能每个人都拥有一个 IP 地址，所以我们通常的 IP 地址是路由器给我们生成的 IP 地址，路由器里面会记录我们的 MAC 地址。而 MAC 地址是全球唯一的，除去人为因素外不可能重复。举一个现实生活中的例子，IP 地址就如同是我们居住小区的地址，而 MAC 地址就是我们住的那栋楼那个房间那个人。

TCP：Transmission Control Protocol 传输控制协议，是一种面向连接的、可靠的、基于字节流的传输层通信协议。TCP 被认为是稳定的协议，因为它有以下特点：

（1）面向连接，“三次握手”；

（2）双向通信；

（3）保证数据按序发送，按序到达；

（4）超时重传。

要使用 TCP 传输数据，必须先建立连接，传输完成后释放连接，分别对应常说的“三次握手”和“四次挥手”。

UDP：User Datagram Protocol 用户数据报协议，又称用户数据报文协议，是一个简单的面向数据报的传输层协议。

UDP 是一个不可靠的或者说无连接的协议，它有以下的特点：

（1）UDP 缺乏可靠性。UDP 本身不提供确认、序列号、超时重传等机制。

UDP 数据报可能在网络中被复制，被重新排序，即 UDP 不保证数据报会到达其最终目的地，也不保证各个数据报的先后顺序，也不保证每个数据报只到达一次。

（2）UDP 数据报是有长度的。每个 UDP 数据报都有长度，如果一个数据报正确地到达目的地，那么该数据报的长度将随数据一起传递给接收方。而 TCP 是一个字节流协议，没有任何（协议上的）记录边界。

（3）UDP 是无连接的。UDP 客户和服务器之前不必存在长期的关系。UDP 发送数据报之前也不需要经过握手创建连接的过程。

（4）UDP 支持多播和广播。

UDP 没有 TCP 稳定，因为它不建立连接，也不按顺序发送，可能会出现丢包现象，使传输的数据出错。UDP 的效率更高，因为 UDP 头包含很少的字节，比 TCP 负载消耗少，同时也可以实现双向通信，不管消息送达的准确率，只负责“无脑”发送。UDP 服务于很多知名应用层协议，如 NFS（网络文件系统）、SNMP（简单网络管理协议）。UDP 一般多用于 IP 电话、网络视频等容错率强的场景。

8.2 管理网络使用

如果应用程序执行大量网络操作，则应提供用户设置选项，以便用户控制应用使用数据的方式，如应用同步数据的频率、是否仅在 WLAN 连接下进行上传/下载、是否在漫游时使用数据等。在用户可以进行上述控制后，就不太可能在接近流量限制时，禁止应用获取后台数据。

设备可以拥有多种类型的网络连接。本书重点介绍如何使用 WLAN 和移动网络连接。WLAN 的传输速度通常更快。此外，移动数据通常按流量计费，价格昂贵。应用的常用策略是只在 WLAN 可用的情况下获取大量数据。在执行网络操作前检查网络连接状态是非常好的习惯。除了其他好处之外，这样做还可以防止应用在无意中使用错误的无线网络。如果网络连接不可用，应用应做出适当的响应。要检查网络连接，通常需要使用以下类：

ConnectivityManager：获取相关网络的连接状态。当网络连接变更时，还会向应用发出通知。

NetworkInfo：描述给定网络类型（目前仅为移动网络或 WLAN）的网络接口状态。

以下代码演示了 WLAN 和移动网络的网络连接。该代码确定了这些网络接是否可用（即是否可以建立网络连接）或已经连接（即网络连接是否存在，以及是否可以建立套接字并传递数据）。

```
private static final String DEBUG_TAG = "NetworkStatusExample";
//获取系统服务——网络连接服务
ConnectivityManager connMgr =
(ConnectivityManager) getSystemService(Context.CONNECTIVITY_SERVICE);
   boolean isWifiConn = false;
   boolean isMobileConn = false;
   //获取所有的网络连接
   for (Network network : connMgr.getAllNetworks()) {
       NetworkInfo networkInfo = connMgr.getNetworkInfo(network);
     //如是 WLAN
       if (networkInfo.getType() == ConnectivityManager.TYPE_WIFI) {
              //WLAN 的连接情况赋值给 isWifiConn 变量
              isWifiConn |= networkInfo.isConnected();
   }
   //如果是移动网络
   if (networkInfo.getType() == ConnectivityManager.TYPE_MOBILE) {
              //移动网络的连接情况赋值给 isMobileConn 变量
              isMobileConn |= networkInfo.isConnected();
       }
}
//使用日志的方式将 WLAN 和移动网络连接情况打印
Log.d(DEBUG_TAG, "Wifi connected: " + isWifiConn);
Log.d(DEBUG_TAG, "Mobile connected: " + isMobileConn);
```

需要注意的是不应该根据网络是否“可用”来做决策，而应该始终在执行网络操作前先检查 isConnected()，因为 isConnected()能够处理片状移动网络、飞行模式及后台数据受限等情况。

以下代码是检查网络接口是否可用的简便方法。getActiveNetworkInfo()方法返回 NetworkInfo 实例，代表其可以找到的首个已连接网络接口，如果没有已连接的网络接口（即网络连接不可用），则返回 null。

```
public boolean isOnline() {
    ConnectivityManager connMgr = (ConnectivityManager)
            getSystemService(Context.CONNECTIVITY_SERVICE);
    NetworkInfo networkInfo = connMgr.getActiveNetworkInfo();
    return (networkInfo != null && networkInfo.isConnected());
}
```

在应用程序开发中，可以使用一个 Activity 来设置网络偏好，来控制网络资源的使用，例如：

（1）可以仅在设备接入 WLAN 网络时允许用户上传视频。

（2）可以根据网络可用性、时间间隔等特定条件进行（或不进行）同步。

应用程序要支持网络访问和管理网络使用，在清单文件中必须声明相应的权限和 Intent 过滤器。清单中必须要声明的权限有：

（1）android.permission.INTERNET：允许应用打开网络套接字。

（2）android.permission.ACCESS_NETWORK_STATE：允许应用访问网络信息。

8.3 使用 Volley 请求数据

在开发 Android 应用时不可避免地都需要用到网络技术，而多数情况下应用程序都会使用 HTTP 来发送和接收网络数据。Android 系统中主要提供了两种方式来进行 HTTP 通信：HttpURLConnection 和 HttpClient。几乎在任何项目的代码中我们都能看到这两个类的身影，它们的使用率非常高。不过 HttpURLConnection 和 HttpClient 的用法还是稍微有些复杂，如果不进行适当封装，很容易就会写出不少重复代码。于是，一些 Android 网络通信框架也就应运而生，比如 AsyncHttpClient，它把 HTTP 所有的通信细节全部封装在了内部，只需要简单调用几行代码就可以完成通信操作了。再比如 Universal-Image-Loader，它使得在界面上显示网络图片的操作变得极度简单，开发者不用关心如何从网络上获取图片，也不用关心开启线程、回收图片资源等细节，Universal-Image-Loader 已经把这一切都做好了。Android 开发团队也意识到有必要将 HTTP 的通信操作再进行简单化，于是在 2013 年 Google I/O 大会上推出了一个新的网络通信框架——Volley。Volley 可是说是把 AsyncHttpClient 和 Universal-Image-Loader 的优点集于了一身，既可以像 AsyncHttpClient 一样非常简单地进行 HTTP 通信，也可以像 Universal-Image-Loader 一样轻松加载网络上的图片。除了简单易用之外，Volley 在性能方面也进行了大幅度的调整，它的设计目标就是非常适合进行数据量不大，但通信频繁的网络操作，而对于大数据量的网络操作，如下载文件等，Volley 的表现就会非常糟糕。

Volley 是一个 HTTP 库，它使 Android 应用程序的联网变得更容易，最重要的是，速度更快。Volley 有以下特点：

（1）自动调度网络请求。

（2）多个并发的网络连接。

（3）通过使用标准的 HTTP 缓存机制保持磁盘和内存响应的一致。

（4）支持请求优先级。

（5）支持取消请求的强大 API，可以取消单个请求或多个请求。

（6）易于定制。

（7）健壮性：便于正确地更新 UI 和获取数据。

（8）包含调试和追踪工具。

Volley 擅长用于填充 UI 的 RPC 类型操作。它可以很容易地与任何协议集成，并支持字符串、图像和 JSON。通过为应用程提供内置支持，Volley 使开发者可以更加专注应用程序的逻辑。Volley 不适合大型下载或流式操作，因为 Volley 在解析数据期间将所有结果保存在内存中。对于大型下载操作，可以考虑使用类似 DownloadManager 等替代方案。

在项目中要使用 Volley 进行网络请求数据，将 Volley 依赖项添加到应用程序的 build.gradle 文件中，代码如下：

```
dependencies {
    ...
    implementation 'com.android.volley:volley:1.1.1'
}
```

8.3.1 发送一个简单请求

Volley 的用法非常简单，如发起一条 HTTP 请求，然后接收 HTTP 响应。首先需要获取到一个 RequestQueue 对象，可以调用以下方法获取到：

```
RequestQueue mQueue = Volley.newRequestQueue(context);
```

注意：这里的 RequestQueue 是一个请求队列对象，它可以缓存所有的 HTTP 请求，然后按照一定的算法并发地发出这些请求。RequestQueue 内部的设计就是非常合适高并发的，因此我们不必为每一次 HTTP 请求都创建一个 RequestQueue 对象，这是非常浪费资源的，基本上在每一个需要和网络交互的 Activity 中创建一个 RequestQueue 对象就足够了。接下来，为了要发出一条 HTTP 请求，还需要创建一个 StringRequest 对象，代码如下：

```
StringRequest stringRequest = new StringRequest("http://www.baidu.com",
        new Response.Listener<String>() {
            @Override
            public void onResponse(String response) {
                Log.d("TAG", response);
```

```
            }
        }, new Response.ErrorListener() {
            @Override
            public void onErrorResponse(VolleyError error) {
                Log.e("TAG", error.getMessage(), error);
            }
    });
```

在以上代码中，创建了一个 StringRequest 对象，StringRequest 的构造函数需要传入三个参数，第一个参数就是目标服务器的 URL 地址，第二个参数是服务器响应成功的回调，第三个参数是服务器响应失败的回调。其中，目标服务器地址程序中填写的是百度首页的网址，然后在响应成功的回调里打印出服务器返回的内容，在响应失败的回调里打印出失败的详细信息。最后，将这个 StringRequest 对象添加到 RequestQueue 对象里面就可以了，代码如下：

```
mQueue.add(stringRequest);
```

另外，由于 Volley 是要访问网络的，因此不要忘记在 AndroidManifest.xml 中添加以下权限：

```
<uses-permission android:name="android.permission.INTERNET" />
```

一个最基本的 HTTP 发送与响应的功能就完成了，主要进行了以下三步操作：

（1）创建一个 RequestQueue 对象。

（2）创建一个 StringRequest 对象。

（3）将 StringRequest 对象添加到 RequestQueue 里面。

HTTP 的请求类型通常有两种，GET 和 POST，以上示例中使用的是 GET 请求，那么如果想要发出一条 POST 请求应该怎么做呢？StringRequest 中还提供了另外一种四个参数的构造函数，其中第一个参数就是指定请求的类型，可以使用以下方式进行指定：

```
StringRequest stringRequest = new StringRequest(Method.POST, url, listener,
errorListener);
```

上述程序只是指定了 HTTP 的请求方式是 POST，那么如果要提交给服务器，参数又该怎么设置呢？很遗憾，StringRequest 中并没有提供设置 POST 参数的方法，但是当发出 POST 请求时，Volley 会尝试调用 StringRequest 的父类——Request 中的 getParams()方法来获取 POST 参数，只需要在 StringRequest 的匿名类中重写 getParams()方法，在这里设置 POST 参数就可以了，代码如下：

```
StringRequest stringRequest = new StringRequest(Method.POST, url, listener,
errorListener) {
    //设置传递给服务器的请求参数
    @Override
    protected Map<String, String> getParams() throws AuthFailureError {
        Map<String, String> map = new HashMap<String, String>();
```

```
                map.put("params1", "value1");
                map.put("params2", "value2");
                return map;
        }
};
```

8.3.2 处理 JSON 数据

JSON（JavaScript Object Notation,JS 对象简谱）是一种轻量级的数据交换格式。它基于 ECMAScript（欧洲计算机协会制定的 JS 规范）的一个子集，采用完全独立于编程语言的文本格式来存储和表示数据。简洁和清晰的层次结构使得 JSON 成为理想的数据交换语言，易于人阅读和编写，同时也易于机器解析和生成，并有效地提升了网络传输效率。

在 JS 语言中，一切都是对象。因此，任何支持的类型都可以通过 JSON 来表示，如字符串、数字、对象、数组等。

（1）对象表示为键值对；

（2）数据由逗号分隔；

（3）花括号保存对象；

（4）方括号保存数组。

JSON 键值对是用来保存 JS 对象的一种方式，与 JS 对象的写法也大同小异，键/值对组合中的键名写在前面，并用双引号""包裹，使用冒号:分隔，然后紧接着值，例如：

```
{"firstName": "Json"}
```

JSON 是 JS 对象的字符串表示法，它使用文本表示一个 JS 对象的信息，本质是一个字符串，例如：

```
//这是一个对象，注意键名也是可以使用引号包裹的
   var obj = {a: 'Hello', b: 'World'};
//这是一个 JSON 字符串，本质是一个字符串
   var json = '{"a": "Hello", "b": "World"}';
```

任何支持的类型都可以通过 JSON 来表示，如字符串、数字、对象、数组等。但是对象和数组是比较特殊且常用的两种类型。

● 对象：在 JS 中是使用花括号{}包裹起来的内容，数据结构为{key1：value1, key2：value2,...}的键值对结构。在面向对象的语言中，key 为对象的属性，value 为对应的值。键名可以使用整数和字符串来表示。值的类型可以是任意类型。

● 数组：在 JS 中是方括号[]包裹起来的内容，数据结构为["java","javascript", "vb",...]的索引结构。在 JS 中，数组是一种比较特殊的数据类型，它也可以像对象那样使用键值对，但还是索引使用得多。同样，值的类型可以是任意类型。

Java 中并没有内置 JSON 的解析，因此使用 JSON 需要借助第三方类库。

下面是几个常用的 JSON 解析类库：

（1）Gson：谷歌开发的 JSON 库，功能十分全面。

（2）FastJson：阿里巴巴开发的 JSON 库，性能十分优秀。

（3）Jackson：社区十分活跃且更新速度很快。

以下内容基于 FastJson 讲解。

从 Java 变量到 JSON 格式的编码过程如下：

```
public void testJson() {
    JSONObject object = new JSONObject();
    //string
    object.put("string","string");
    //int
    object.put("int",2);
    //boolean
    object.put("boolean",true);
    //array
    List<Integer> integers = Arrays.asList(1,2,3);
    object.put("list",integers);
    //null
    object.put("null",null);
    System.out.println(object);
}
```

在上例中，首先建立一个 JSON 对象，然后依次添加字符串、整数、布尔值及数组，最后将其打印为字符串。输出结果如下：

```
{"boolean":true,"string":"string","list":[1,2,3],"int":2}
```

从 JSON 对象到 Java 变量的解码过程如下：

```
public void testJson2() {
  JSONObject object = JSONObject
    .parseObject("{\"boolean\":true,\"string\":\"string\",\"list\":[1,2,3],\"int\":2}");
  //string
  String s = object.getString("string");
  System.out.println(s);
  //int
  int i = object.getIntValue("int");
  System.out.println(i);
  //boolean
  boolean b = object.getBooleanValue("boolean");
  System.out.println(b);
  //list
```

```
    List<Integer> integers = JSON.parseArray(object.getJSONArray("list").toJSONString(),
Integer.class);
    integers.forEach(System.out::println);
    //null
    System.out.println(object.getString("null"));
}
```

在上例中，首先从 JSON 格式的字符串中构造一个 JSON 对象，之后依次读取字符串、整数、布尔值及数组，最后分别打印，打印结果如下：

```
string
2
true
1
2
3
Null
```

表 8.2 列出了 JSON 对象与字符串的相互转化。

表 8.2　JSON 对象与字符串的相互转化

方法	描述
JSON.parseObject()	从字符串解析 JSON 对象
JSON.parseArray()	从字符串解析 JSON 数组
JSON.toJSONString(obj/array)	将 JSON 对象或 JSON 数组转化为字符串

JsonRequest 类似于 StringRequest，JsonRequest 也是继承自 Request 类的，不过由于 JsonRequest 是一个抽象类，无法直接创建它的实例，只能使用它的子类。JsonRequest 有两个直接的子类，JsonObjectRequest 和 JsonArrayRequest，一个是用于请求一段 JSON 数据的，一个是用于请求一段 JSON 数组的。以下示例讲解 JsonObjectRequest 的使用。

```
String url = "http://v.juhe.cn/toutiao/index?type=top&key=
495ac0f894877a42fc77d646781a8288";
JsonObjectRequest jsonObjectRequest = new JsonObjectRequest("http://m.weather.
com.cn/data/101010100.html", null,
        new Response.Listener<JSONObject>() {
            @Override
            public void onResponse(JSONObject response) {
                Log.d("TAG", response.toString());
            }
        }, new Response.ErrorListener() {
            @Override
```

```
            public void onErrorResponse(VolleyError error) {
                Log.e("TAG", error.getMessage(), error);
            }
        });
```

在以上程序中填写的 URL 地址是聚合数据提供的一个查询新闻信息的接口，响应的数据是以 JSON 格式返回的，然后在 onResponse()方法中将返回的数据打印出来。最后再将这个 JsonObjectRequest 对象添加到 RequestQueue 里就可以了，代码所示：

```
mQueue.add(jsonObjectRequest);
```

当 HTTP 通信完成之后，服务器响应的天气信息就会回调到 onResponse()方法中，并打印出来。运行程序，发出这样一条 HTTP 请求，在 LogCat 中会打印出格式化后的 JSON 数据，如图 8.1 所示。


```
⊟{
    "reason":"成功的返回",
    "result":⊟{
        "stat":"1",
        "data":⊟[
            ⊟{
                "uniquekey":"7d4338f52c8d41e6a4b4ec0f465287e7",
                "title":"北斗三号全球卫星导航系统星座部署全面完成",
                "date":"2020-07-09 09:19",
                "category":"头条",
                "author_name":"网易科技",
                "url":"http://dy.163.com/article/FFSKTQIS0514R9L4.html",
                "thumbnail_pic_s":"
http://07imgmini.eastday.com/mobile/20190627
/20190627091931_4373049b1e68ba2f00c8c7a6438cbede_1_mwpm_03200403.jpg
"
            },
            ⊞Object{...},
            ⊞Object{...},
            ⊞Object{...},
            ⊞Object{...},
            ⊞Object{...},
            ⊞Object{...}
        ]
    }
}
```


图 8.1　JSON 数据

由图 8.1 可以看出，服务器返回的数据确实是 JSON 格式的，并且 onResponse()方法中携带的参数也正是一个 JSONObject 对象，之后只需要从 JSONObject 对象取出我们想要得到的那部分数据就可以了。JsonObjectRequest 的用法和 StringRequest 的用法基本上是完全一样的，Volley 的易用之处也在这里体现出来了。

8.3.3　加载网络图片 ImageRequest

前面我们已经学习过了 StringRequest 和 JsonRequest 的用法，并且总结出了它们的用法都是非常类似的，基本就是进行以下三步操作即可：

（1）创建一个 RequestQueue 对象。

（2）创建一个 Request 对象。

（3）将 Request 对象添加到 RequestQueue 里面。

ImageRequest 也是继承自 Request 的，因此它的用法也基本相同，首先需要获取一个 RequestQueue 对象，可以调用以下方法获取到，程序运行结果如图 8.2 所示。

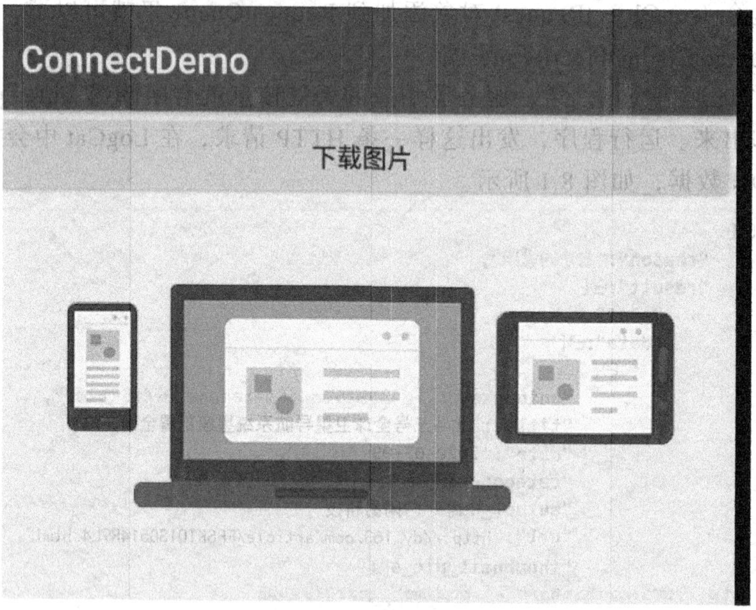

图 8.2　使用 ImageRequest 加载网络图片

```
RequestQueue mQueue = Volley.newRequestQueue(this);
String url = "https://developers.google.cn/china/images/skyline_microsite.png";
ImageRequest imageRequest = new ImageRequest(
        url,
        new Response.Listener<Bitmap>() {
          @Override
          public void onResponse(Bitmap response) {
                imageView.setImageBitmap(response);
          }
        }, 0, 0, Bitmap.Config.RGB_565, new Response.ErrorListener() {
            @Override
            public void onErrorResponse(VolleyError error) {
                imageView.setImageResource(R.drawable.default_image);
            }
          });
          mQueue.add(imageRequest);
```

ImageRequest 的构造函数接收六个参数：第一个参数是图片的 URL 地址；第二个参数是图片请求成功的回调，这里把返回的 Bitmap 参数设置到 ImageView 中；第三个、第四个参数分别用于指定允许图片最大的宽度和高度，如果指定的网络图片的宽度或高度大于这里的最大值，则会对图片进行压缩，指定成 0 表示不管图片有多大，都不会进行压缩；第五个参数用于指定图片的颜色属性，Bitmap.Config 下的几个常量都可以在这里使用，其中 ARGB_8888 可以展示最好的颜色属性，每个图片像素占据 4 B 大小，而 RGB_565 则表示每个图片像素占据 2 B 大小；第六个参数是图片请求失败的回调，这里我们在请求失败之后在 ImageView 中显示一张默认图片。

8.4 本章总结

本章主要讲解了 Android 系统的网络编程。首先讲解了网络协议 OSI 和 TCP/IP 协议的区别，然后讲解了网络管理和判断网络状态，最后讲解了使用 Volley 进行网络请求数据、JSON 格式数据，以及如何解析 JSON 格式的数据。

8.5 课后习题

（1）简要说明 OSI 各层网络协议的作用。
（2）简要说明 TCP/IP 各层的作用。
（3）简述判断网络类型的步骤。
（4）编写程序，使用 Volley 请求一张图片并在界面上展示。
（5）编写程序，使用 Volley 请求天气预报的 JSON 数据，并显示当前天气情况。

第 9 章　主题和样式

学习目标

（1）掌握主题和样式的区别。
（2）掌握如何创建并使用样式。
（3）掌握创建版本样式。

Android 上的主题和样式将应用程序设计的细节，与 UI 结构和行为分开，类似于 Web 设计中的样式表。样式是指定单个视图外观的属性集合。样式可以指定诸如字体颜色、字体大小、背景颜色等属性。主题是应用于整个应用程序、活动或视图层次结构的样式类型，而不仅仅是单个视图。将样式应用为主题时，应用程序或活动中的每个视图都将应用其支持的每个样式属性。主题还可以将样式应用于非视图元素，如状态栏和窗口背景。样式和主题在样式资源文件中以 res/values/声明，通常命名为“styles.xml”。图 9.1 所示为应用于同一 Activity 的两个主题。

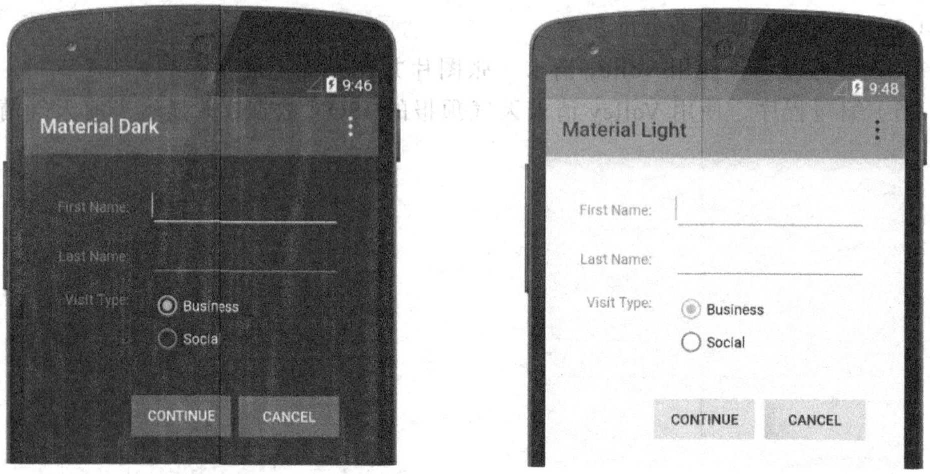

（a）Theme.AppCompat　　　　（b）Theme.AppCompat.Light

图 9.1　同一个 Activity 设置的不同主题

9.1　创建并使用样式

若要创建新样式或主题，应打开项目的 res/values/style s.xml 文件（如果没有此文件则需要新建）。对于要创建的每个样式，应执行以下步骤：

（1）添加具有唯一标识样式名称的<style>元素。

（2）为要定义的每个样式属性添加一个<item>元素。每个项中的名称指定一个属性，否则作为将在布局文件中的属性。<item>元素中的值是该属性的值。

例如，如果要定义以下样式：

```
<?xml version="1.0" encoding="utf-8"?>
<resources>
    <style name="GreenText" parent="TextAppearance.AppCompat">
        <item name="android:textColor">#00FF00</item>
    </style>
</resources>
```

（3）将以上定义的样式应用于视图组件，代码如下：

```
<TextView style="@style/GreenText" />
```

样式中指定的每个属性都将应用于该视图，除非此属性不适合此视图组件。但是，通常会将样式应用于整个应用程序、Acitivity 或视图集合，而不是将样式应用于单个视图。

9.2 扩展和自定义样式

在创建自己的样式时，应始终从框架或支持库扩展现有样式，以便与平台 UI 样式保持兼容性。若要扩展样式，应使用父属性指定要扩展的样式，然后再覆盖继承的样式属性并添加新的样式属性。例如，可以继承 Android 平台的默认文本外观，并按以下方式进行修改：

```
<style name="GreenText" parent="@android:style/TextAppearance">
    <item name="android:textColor">#00FF00</item>
</style>
```

在上述代码中，parent 属性的值就是 Android 平台的默认文本外观之一。通过定义<item>标签自定义字体颜色，其他属性都继承@android:style/TextAppearance。但是，应该始终从 Android 支持库继承核心应用程序样式。支持库中的样式通过优化每个版本中可用的 UI 属性的每个样式，提供与 Android 4.0（API 14）及更高版本的兼容性。除了使用 parent 属性外，还可以通过使用点符号扩展样式的名称来继承样式（平台中的样式除外）。也就是说，在样式名前面加上要继承的样式名，并用句点分隔。通常只有在扩展自己的样式时才应该这样做，而不是从其他库扩展样式。例如，以下样式从上面的绿色文本样式继承所有样式，然后增大文本大小：

```
<style name="GreenText.Large">
    <item name="android:textSize">22dp</item>
</style>
```

要查找可以用<item>标记声明的属性，可以查阅各种类引用中的“xml attributes”表。所有视图都支持来自基础视图类的 XML 属性，并且许多视图添加了自己的特殊属性。例如，TextView XML 属性包括 android:inputType 属性，可以将该属性应用于接收输入的文本视图，如 EditText 组件。

可以用创建样式的方式创建主题。区别在于如何应用它：不必在视图上应用带有 style 属性的样式，而是在 AndroidManifest.xml 文件中的<application>标记或<activity>标记上应用带有 android:theme 属性的主题。例如，以下代码是如何将 Android 支持库的 material 设计“黑暗”主题应用于整个应用程序：

```
<manifest>
    <application android:theme="@style/Theme.AppCompat" ... >
    </application>
</manifest>
```

下面是如何将“light”主题应用于一个 Activity：

```
<manifest ... >
    <application ... >
        <activity android:theme="@style/Theme.AppCompat.Light">
        </activity>
    </application>
</manifest>
```

现在，应用程序或 Acaptivity 中的每个视图都应用在给定主题中定义的样式。如果一个视图只支持样式中声明的某些属性，那么它只应用那些属性并忽略它不支持的属性。从 Android 5.0（API 21）和 Android 支持库 v22.1 开始，还可以将 android:theme 属性指定给布局文件中的视图。这将修改该视图和任何子视图的主题，这对于在界面的特定部分更改主题颜色调色板非常有用。前面的示例演示了如何应用由 Android 支持库提供的主题，如 Theme.AppCompat。但通常会定制主题以适合应用程序的品牌，最好的方法是从支持库扩展这些样式，并覆盖一些属性。Android 提供了多种方法来设置整个 Android 应用程序的属性。例如，可以直接在布局中设置属性，可以将样式应用于视图，可以将主题应用于布局，甚至可以通过编程方式设置属性。在选择如何设计应用程序风格时，要注意 Android 的风格层次结构。一般来说，为了一致性，应该尽可能多地使用主题和样式。如果多个地方指定了相同的属性，下面的列表将决定最终应用哪些属性。列表从最高优先级排列到最低优先级：

（1）通过文本跨度将字符级或段落级样式应用于 TextView 派生类。

（2）以编程方式应用属性。

（3）将单个属性直接应用于视图。

（4）将样式应用于视图。

（5）默认样式。

（6）将主题应用于视图集合、Activity 或整个应用程序。

（7）应用特定于视图的特定样式，如在 TextView 上设置 TextAppearance。

样式的一个限制是只能将一个样式应用于一个视图。但是，在 TextView 中，还可以指定一个 TextAppearance 属性，该属性的功能类似于样式，代码如下：

```
<TextView
    android:textAppearance="@android:style/TextAppearance.Material.Headline"
    android:text="这是通过 TextAppearance!设置的样式" />
```

TextAppearance 允许定义特定于文本的样式，同时使视图的样式可供其他用途使用。需要注意的是，如果直接在视图或样式中定义任何文本属性，这些值将覆盖 TextAppearance 的值。

9.3　自定义默认主题

当使用 Android Studio 创建一个项目时，默认会将一个 Material 设计主题应用到用户的应用程序中，如项目的 styles.xml 文件中所定义的那样。此 AppTheme 样式扩展了支持库中的主题，并包括对关键 UI 元素[如应用程序栏和浮动操作按钮（如使用）]使用的颜色属性的替代。因此，用户可以通过更新提供的颜色快速自定义应用程序的颜色设计。例如，styles.xml 文件可以使用类似于以下内容的代码：

```
<style name="AppTheme" parent="Theme.AppCompat.Light.DarkActionBar">
    <!-- 以下是自定主题 -->
    <item name="colorPrimary">@color/colorPrimary</item>
    <item name="colorPrimaryDark">@color/colorPrimaryDark</item>
    <item name="colorAccent">@color/colorAccent</item>
</style>
```

注意：在上述代码中，样式值实际上是对项目的 res/values/colors.xml 文件中定义的其他颜色资源的引用。因此，应该编辑这个文件来改变颜色。但在开始更改这些颜色之前，应使用“Material Color”工具预览颜色。此工具可以帮助从 Material 调色板中选择颜色，并预览它们在应用程序中的外观。在 res/values/colors.xml 文件中定义颜色，代码如下：

```
<?xml version="1.0" encoding="utf-8"?>
<resources>
    <color name="colorPrimary">#3F51B5</color>
    <color name="colorPrimaryDark">#303F9F</color>
    <color name="colorAccent">#FF4081</color>
</resources>
```

然后可以覆盖想要的任何其他样式。例如，可以按以下方式更改 Activity 的背景色：

```
<style name="AppTheme" parent="Theme.AppCompat.Light.DarkActionBar">
<item
```

```
name="android:windowBackground">@color/activityBackground</item>
</style>
```

在布局中为视图添加样式时，还可以通过查看视图类引用中的“XML 属性”表来查找属性。例如，所有视图都支持来自基础视图类的 XML 属性。

表 9.1 列出了 android:theme 常用的主题样式。

表 9.1 常用 android:theme 主题样式

值	描述
@android:style/Theme.Dialog	将一个 Activity 显示为对话框模式
@android:style/Theme.NoTitleBar	不显示应用程序标题栏
@android:style/Theme.NoTitleBar.Fullscreen	不显示应用程序标题栏并全屏
@android:style/Theme.Light	背景为白色
@android:style/Theme.Light.NoTitleBar	白色背景并无标题栏
@android:style/Theme.Light.NoTitleBar.Fullscreen	白色背景，无标题栏，全屏
@android:style/Theme.Black	背景黑色
@android:style/Theme.Black.NoTitleBar	黑色背景并无标题栏
@android:style/Theme.Black.NoTitleBar.Fullscreen	黑色背景，无标题栏，全屏
@android:style/Theme.Wallpaper	用系统桌面为应用程序背景
@android:style/Theme.Wallpaper.NoTitleBar	用系统桌面为应用程序背景，且无标题栏
@android:style/Theme.Wallpaper.NoTitleBar.Fullscreen	用系统桌面为应用程序背景，无标题栏，全屏
@android:style/Translucent	半透明效果
@android:style/Theme.Translucent.NoTitleBar	半透明并无标题栏
@android:style/Theme.Translucent.NoTitleBar.Fullscreen	半透明效果，无标题栏，全屏

9.4 添加有版本的样式

如果新版本的 Android 添加了想要使用的主题属性，可以将它们添加到主题中，同时仍然与旧版本兼容，所需要的是另一个保存在包含资源版本限定符的 values 目录中的 styles.xml 文件。例如：

```
res/values/styles.xml          #针对所有版本的主题
res/values-v21/styles.xml      #针对大于 Android 系统（API 21）以上的版本
```

因为 values/styles.xml 文件中的样式可用于所有版本，所以 values-v21/styles.xml 中的主题可以继承它们。因此，我们可以避免复制样式，方法是从“基本”主题开始，然后以特定于版本的样式扩展它。例如，要声明 Android 5.0（API 21）及更高版本的窗口转换，需要使用一些新属性。res/values/styles.xml 中的基本主题，其代码如下：

```
<resources>
    <!-- 应用所有版本 -->
    <style name="BaseAppTheme"
parent="Theme.AppCompat.Light.DarkActionBar">
        <item name="colorPrimary">@color/primaryColor</item>
        <item name="colorPrimaryDark">@color/primaryTextColor</item>
        <item name="colorAccent">@color/secondaryColor</item>
    </style>

    <!-- 声明主题的名称，在清单文件中使用-->
    <style name="AppTheme" parent="BaseAppTheme" />
</resources>
```

在 res/values-v21/styles.xml 中添加特定于版本的样式，代码如下：

```
<resources>
<!--继承了 BaseAppTheme 主题，但是只用于 Android API 21 以上版本-->
    <style name="AppTheme" parent="BaseAppTheme">
        <item name="android:windowActivityTransitions">true</item>
        <item name="android:windowEnterTransition">@android:transition
/slide_right</item>
        <item name="android:windowExitTransition">@android:transition/sli
de_left</item>
    </style>
</resources>javascript:void(0);
```

现在，我们可以在清单文件中应用 AppTheme，系统将自动根据版本选择可用的样式。

9.5 自定义组件主题

Android 系统中的每个组件都有一个默认样式。例如，当使用支持库中的主题设置应用程序样式时，按钮的实例将使用 widget.appcompat.button 样式设置样式。如果想对按钮应用不同的样式，那么可以使用布局文件中的样式属性来执行此操作。例如，以下代码将应用库的无边界按钮样式：

```
<Button style="@style/Widget.AppCompat.Button.Borderless" />
```

如果要将此样式应用于所有按钮，可以在主题的 ButtonStyle 中声明它，代码如下：

```
<style name="AppTheme"
            parent="Theme.AppCompat.Light.DarkActionBar">
        <item name="buttonStyle">
            @style/Widget.AppCompat.Button.Borderless
        </item>
</style>
```

还可以扩展组件样式，就像扩展任何其他样式一样，然后在布局或主题中应用自定义组件样式。

9.6 本章总结

本章介绍了主题和样式的作用，然后介绍了如何创建并使用样式、自定义默认主题、添加版本样式，最后讲解了自定义组件主题。

9.7 课后习题

（1）简述主题和样式的区别。

（2）简述如何创建并使用样式。

（3）简述 Android 中有哪些默认的主题样式。

（4）编写程序，将按钮的背景颜色设置为红色、无边框，并设置为按钮的默认样式。

参考文献

[1] 欧阳燊. Android Studio 开发实战：从零基础到 App 上线[M]. 2 版. 北京：清华大学出版社，2018.

[2] 刘望舒. Android 进阶之光[M]. 北京：电子工业出版社，2017.

[3] 千锋教育高教产品研发部. Android 从入门到精通[M]. 北京：清华大学出版社，2019.

[4] 刘玉红，蒲娟. Android 移动开发案例课堂[M]. 北京：清华大学出版社，2019.

[5] 刘刚. Android 移动开发基础教程（慕课版）[M]. 北京：人民邮电出版社，2019.

[6] 吴晓凌. Android 移动应用基础教程[M]. 武汉：华中科技大学出版社，2019.

[7] 方欣. Android Studio 应用开发——基础入门与应用实战[M]. 北京：电子工业出版社，2017.

[8] 李宁宁. 基于 Android Studio 的应用程序开发教程[M]. 北京：电子工业出版社，2016.

[9] 罗文龙. Android 应用程序开发教程——Android Studio 版[M]. 北京：电子工业出版社，2016.

[10] 傅由甲，王勇，罗颂. Android 移动网络程序设计案例教程——Android Studio 版[M]. 北京：清华大学出版社，2018.